小巫厨房蜜语

（升级版）

小巫 著

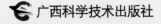

广西科学技术出版社

图书在版编目（CIP）数据

小巫厨房蜜语：升级版 /小巫著. —南宁：广西科学技术出版社，2014.7

ISBN 978-7-5551-0190-1

Ⅰ.①小… Ⅱ.①小… Ⅲ.西式菜肴—菜谱 Ⅳ.①TS972.188

中国版本图书馆CIP数据核字（2014）第139891号

XIAOWU CHUFANG MI YU（SHENGJI BAN ）
小巫厨房蜜语（升级版）

作　　者：小　巫	产品监制：张　俊
责任编辑：陈　瑶　张　俊	版式设计：昕　昕
责任校对：曾高兴　田　芳	封面设计：红杉林文化
媒体推广：栗　伟	责任印制：陆　弟

出 版 人：韦鸿学　　　　　　　　　　　出版发行：广西科学技术出版社

社　　　址：广西南宁市东葛路66号　　　邮政编码：530022

电　　　话：010-53202557（北京）　　　0771-5845660（南宁）

传　　　真：010-53202554（北京）　　　0771-5878485（南宁）

网　　　址：http://www.ygxm.cn　　　　在线阅读：http://www.ygxm.cn

经　　　销：全国各地新华书店

印　　　刷：北京市雅迪彩色印刷有限公司　　邮政编码：100121

地　　　址：北京市朝阳区黑庄户乡万子营东村

开　　　本：710mm×980mm　　1/16

字　　　数：140千字　　　　　　　　　　印　　张：17

版　　　次：2014年7月第1版　　　　　　印　　次：2014年12月第2次印刷

书　　　号：ISBN 978-7-5551-0190-1

定　　　价：49.80元

北京东隅酒店行政总厨
罗伯特·康宁
特别推荐

　　非常高兴看到小巫为中国读者撰写的这本食谱书，它可以说是一本西餐的绝佳入门读物！而且也是目前我在中国见到的最大而全的西式菜谱，书里采用的简便烹调方式让中国人很容易学习和理解西式饮食。

　　我家的中国阿姨在没有我参与帮助的情况下，按照小巫的书稿，烹调了多样菜品，十分美味可口，受到孩子们的热捧。而且，书中所有菜谱都是低油低盐，体现了健康的饮食方式。

　　我们全家最热衷的活动之一就是一起做饭、一起进餐。现在，有了小巫的这本菜谱书，你也可以和家人一起烹饪西餐了！

　　西餐其实简单易做，它有赖于良好而新鲜的食材，小巫的这本书展示了烹调健康的西餐是多么轻而易举；小巫用她优美的文笔使这本书读来既轻松愉快，又引人入胜。

　　祝大家愉快享受西餐！

北京东隅酒店行政总厨

罗伯特·康宁

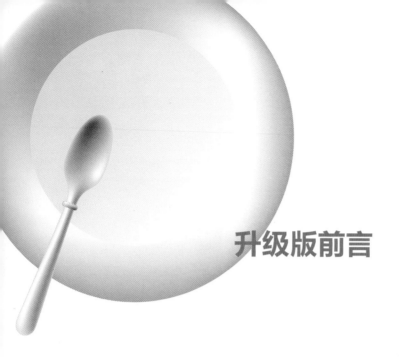

升级版前言

在我所有的书中,《小巫厨房蜜语》第一版可以说是写得最轻松的一本,也可以说是出版得比较糊涂的一本。

说写得轻松,是因为我原本就是一个贪吃的人,让我这么个吃货来说吃饭,肯定说得眉飞色舞、口若悬河。我的一大爱好就是品尝世界各地特色风味,每到一处旅游,必定走大街穿小巷,挖掘当地人爱吃的食品。吃素之后,依然如此,即便很多东西都不能吃了,也会饶有兴致地在一边观察别人吃什么、怎么吃。

说出版得糊涂,是因为当年交稿后,我就外出参加培训数周,烹调和拍摄的事情,全然交付给了编辑。拍摄过程极其费力,摄影师那边拍出来的菜品,有一些看着总是差强人意,我自己补做了个别菜品,但因出版期限问题,只好付梓印刷。就这样,留下了很多遗憾之处。

没想到,这本书还是受到广大读者的好评。无论网上还是线下,都有读者告诉我:"以前我不会做饭,看了你的菜谱,觉得简便易行,就照着做了一盘子意大利面，没想到孩子特别爱吃！而且我在孩子心目中的形象一下子高大起来，变成了高手厨娘！就这样，我渐渐爱上了做饭。"或者："我们家孩子原来挑食，给他做饭很令人头疼，自从吃了你书上写的菜之后，他就喜欢吃饭了！"

哦，这本书不仅能改善亲子关系，还能激发烹调天赋，甚至可以"治愈"挑食，简直物超所值么！更多的评价在于这本书是西餐扫盲书、西餐入门书，也是家里餐桌上的调剂。最出乎我意料的是，这本书在驻京外籍人家庭中走红，很多外国妈妈买去给家里的阿姨，让她们学着给家里的孩子做西餐吃。

只是，上一版的菜品实在太少了！也不够系统，不够精致，令我感觉愧对读者。近几年，孩子年纪渐长，我的时间和体力也有宽裕，人到中年，更加贪吃，于是进一步钻研了更多的菜谱，并且在家人身上取得了良好的试验效果，甚至进军了以前一向敬而远之的烘焙界，无论烤成啥样，都赚得一众大小盆友的喝彩，还结交了几位资深吃货兼烘焙高手。

这下子又折腾大发了，不禁手心痒痒地又要跟读者们分享，部分菜品已经发布在微博上，一众博友热切地讨要做法，或者回家做后也发来照片，还添加了独创的改良版。这些都鼓舞着我，大幅度修改上一版，做出一版更加全面、系统、美味的食谱来。

这一版的编辑特地叮嘱我，她最喜欢看我写的那些饮食背景，所以不仅要写怎么做菜，还要讲跟这些菜有关的故事。的确，我深信饮食与文化之间存在着密切的关系，甚至可以说，吃什么东西，直接影响了我们的思维方式。在当今这个全球化的大环境当中，试着烹调和品尝他国的菜肴，不仅有助于调剂我们的口味，也有助于开阔我们的视野。

因我出差和讲课日程繁重，这一版的拍摄还是交付给专业的厨师和摄影

师，他们在工作室里每天从早到晚制作N道菜，并且调理灯光、布景、器皿等等，拍好的片子网传给我和编辑过目。这次的拍摄过程依然充满坎坷，不过我终于明白了为什么拍摄我的菜谱居然会如此辛苦：厨师、摄影师和编辑们，都没有接触过如此广泛的域外菜品，即便吃过或者做过泛指的"西餐"，也不一定深入了解印度菜、中东菜或者墨西哥菜！我简直是给大家出了个大难题！

　　非常感谢厨师、摄影师和编辑们的刻苦努力和耐心细致，经过半年多的增删修订，版式设计亦几易其稿，我终于可以放心地向读者交差了！而且，这一版所服务的对象，不仅是父母，任何喜爱烹调并且对世界各地家常餐食感兴趣的人，都可以用这本书当做入门参考。

　　因篇幅所限，还有很多菜品没有收录进来。我期待着有机会写出续集，不断和读者们分享烹调的乐趣！

小巫

2014年5月30日

序/隐藏在美食中的亲子道理

 厨艺+蜜语

我孩子原来所在的学校曾经每年秋季都举办一场"国际美食节",因为学生来自五湖四海,学校鼓励父母们把最能体现自己祖国家乡文化的特色菜肴贡献出来,供孩子们、老师们以及家长们大快朵颐。国际美食节当天,学校辟出足够的空间,摆上长桌,桌上琳琅满目地铺满各国菜品,很多孩子还穿上本民族服装,大家端着盘子到处游走,看见什么好吃就取一些来吃。

我一向自认是一个跨国界跨文化的人,所以就没刻意去烹饪本土代表作。因为菜是需要事先做好了捧到学校,为图省事儿,每一年我的作品都是一大锅意大利通心粉,拌上冷热皆可入口的酱汁,比如香草酱(见78页)或者烟熏三文鱼奶油酱(见93页),捧着满满一锅去,拎着空锅回家。大多数家长都用塑料餐盒带菜过去,气势磅礴地用锅端菜的不多,所以一锅菜被分吃干净,令人欣慰。更有意大利妈妈前来品尝,并且竖起大拇指,更令我暗自得意。

2008年那一次,我做了平素孩子们最喜欢吃的法国烩菜(Ratatouille,

见146页），那时有一部同名的卡通片，中文译《料理鼠王》，2007年我带女儿去美国时在电影院看过，回京后买了碟，我们全家都特别喜欢这部影片，于是我在菜肴标示牌子上，一面画了影片主人公最后开店时饭馆招牌上的那只握着炒菜铲子的老鼠形象，另一面画了蓝天白云绿树。这一锅烩菜放在桌子上不久就见了锅底，我女儿的老师一边吃一边说，比学校食堂做的好吃多了。呵呵，要知道，这食堂的老板可是法国人呢！

那天我的朋友带了她一岁多的女儿晏晏跟着我们混迹人群当中吃吃喝喝，晏晏来到我家锅前时，锅里已经没有菜，只剩下一丁点儿汤汁了。我盛了一勺汁给晏晏尝，小姑娘吃下去之后咂咂嘴，指着锅里还要，我又给她几勺，她都狼吞虎咽下去，到后来她嫌我用勺子刮太慢，干脆捧着锅喝，那只锅比她的脑袋大好多，几乎扣在她头上，锅里的汁被她喝得一滴不剩。晏晏妈当时很吃惊，小巫阿姨这做的是啥美味呀？俺这丫头咋就这么爱吃啊？

后来晏晏妈就盯上我了，每次见到我都要菜谱。我口述给她三文鱼骨豆腐味噌汤（见42页）的做法，她回家做出来之后，刚尝了一口，便按捺不住激动的心情，大声招呼晏晏爸过来品尝，据晏晏妈说，她老公吃了一口之后，也立刻按捺不住澎湃的心潮，端起锅就朝门外走，说是要跟邻居分享。晏晏妈断喝一声："放下！我跟闺女还没吃呢！"这才救下来这一锅汤。

晏晏妈，还有几个品尝过我烹调的朋友，都起哄嚷嚷着要我开厨艺班。这呼声被出版社听见了，编辑说那你干脆写一本菜谱书得了，让更多的妈妈学会，不是更好吗？我一想，这倒真是个好主意。

实际上，写这本书的真正动机，不在于显示我多么会烧菜，我会烧的菜很有限，手艺也差强人意，只是因为不是中餐，而使得吃过的朋友们感觉新鲜过瘾。此外，为了与一般菜谱区分开，编辑还叮嘱我写成蜜语式的兼顾厨艺和亲子的图书，书名也就这样定下来了。因此，可以说，郑重其事地出这么一本书，我绝对是别有用心的。请朋友们好好阅读我下边的文字，否则这只是一本普通的菜谱而已，里边大部分菜都可以在网上搜到做法。

二 肯照料孩子，才有资格训导孩子

2009年6月，一位来自瑞典的华德福老师给我们举办了一场讲座。老师年事已高，是一位慈祥的老奶奶。她反复强调在家里，在孩子面前，妈妈不要流露出无所事事的样子，最好是忙忙碌碌操持家务，煮饭烧菜，缝纫手工等，一方面，给孩子做出可供模仿的勤奋榜样，另一方面，增进亲子关系的融洽性。

听到这里，一位妈妈举手问："家务事一定要妈妈亲自做吗？我工作很忙，也不太会干活儿，家里有保姆，可不可以让保姆代劳呢？"

瑞典老奶奶笑眯眯地说："当然可以了。"

那位妈妈明显地松了一口气，未曾想老奶奶又加了一句："不过，你要做好思想准备，你的孩子会跟保姆更亲。"

一屋子人哄堂大笑，我是笑声最响亮的人之一，老师的话真是说到我心里去了！这些年来，很多妈妈都问过我："我的孩子为什么不听我的？"也有很多朋友对我报告过他们的观察心得："你的孩子真听你的话。"我有一个秘诀。然而，它既不是怎样与孩子沟通，也不是如何训育孩子自律，这些方法虽然都行之有效，但解决不了根本的问题，那就是亲子关系的质量。也就是说，孩子是否信任母亲、是否把母亲当作他生命中最亲爱、最可靠的那个人。良好的亲子关系是有效实施一切养育手段的前提。我的这个秘诀，就是亲手给孩子做饭，亲自照料孩子的起居，陪伴孩子入睡，给他们唱歌、讲故事。

我在其他几本书里、在多场讲座上，都曾经反复强调，母亲一定要亲自照料孩子，从亲自哺乳开始。尽管大多数家庭都有老人和保姆帮忙，但是母亲在孩子起居方面亲力亲为的重要性不容忽略。说白了，那就是：谁照料孩子的吃喝拉撒睡，孩子就听谁的。这个听话，不是传统意义上的乖巧顺从，而是基于良好的亲子关系而产生的那种信任。当你不辞辛劳给孩子做饭、洗漱，陪伴他们玩耍时，孩子能够感受到你的爱，他知道你爱他，也就本能地体会到你要求他做的事情都是为了他好。作为一个独立的个体，孩子肯定有与你意见相左、让你头疼乃至生气的时刻，但他不会故意敌对你，也会乐于跟你沟通，和你讲道理。

甚至可以这样说：谁亲手照料孩子，谁才有资格训导孩子，否则就是在孩子的教育方面弃权。一个不肯洗手做羹汤，一切都由他人伺候，把保姆当成用人，饭后连碗都不肯收拾的妈妈，当她再摆出一副高高在上的架势，命令孩子这样那样的时候，一定会遭到孩子抗拒的："你是谁呀？你有什么资格来教训我呢？我凭什么要听你的呢？"

我女儿的一个同学来我家做客，吃了我做的饭，觉得挺香，我问她的妈妈会不会做饭，她说会，但不做。"我妈妈说了，要是她做饭的话，那要阿姨有什么用？"这位妈妈大概觉得，既然请了保姆，就不能花冤枉钱，只要是保姆职责范围内的，自己就不需要动手了。

但我们家则在"使用"阿姨方面刻意有所保留：阿姨不仅周末休息，平时我也会跟她一起做家务，尤其是做饭。一方面，这防止了全家人养成对阿姨的依赖，另一方面，也给自己亲手照料孩子的机会。

可能有妈妈会感到为难：我工作忙，没有时间，怎么办？我从小娇生惯养，什么家务都不会，怎么办？

我所倡导的，并不是妈妈全天围着孩子团团转，给孩子做全职保姆。只要你能够尽量把下班时间奉献给孩子，只要你能够一周之内为孩子做上几顿饭，陪他玩儿陪他笑，孩子就会把你当作最亲最亲的人。就像你不必具备音乐细胞也可以为孩子唱歌、没有经过美术训练也可以陪孩子画画一样，你不必利索能干，更不必是大厨级别，只要你努力，孩子就会领情感恩。

　　就拿我自己来说，我平时工作繁忙，周一到周五都有阿姨帮忙做晚饭，我一般都是周末显一显身手，最多一星期做三四顿正餐。所以说，在做饭方面，我的出场率并不高，但却事半功倍，孩子们都一致认为他们老妈是地球上做饭最棒的那个人。不过，每天早晨，我和孩子爸爸都会早起，给孩子们做早餐，这最简单的一餐，却也是最重要的一餐，不仅是营养意义上的，更是心理意义上的，意义之一就在于我们必须持之以恒。所以我会劝那些有住家保姆的妈妈，不要偷懒，不要依赖保姆，最好还是亲自给孩子准备早餐。

　　因此，每当有妈妈来问我"怎么才能让孩子听我的呢"，也就是说，怎么才能让孩子跟你关系好呢，秘诀就是——给他烧菜吃。

三　终身大事始于口腹

　　数年前，在一场讲座里，我提出一个说法："你有一个什么样的爸爸，你就会嫁给一个什么样的老公；同理，你有一个什么样的妈妈，你就会娶一个什么样的老婆。"此言一出，全场炸锅，事后在网上这个话题被一名网友贴出，大家沸沸扬扬讨论良久，几年之内帖子几起几伏，可见这个说法还挺抢眼球的。

　　跟帖的无外乎两类："对呀，我老公（老婆）跟我爸（妈）挺像的，我以前怎么没注意到呢？嘿嘿。"或者："瞎说！我老公（老婆）跟我爸（妈）南辕北辙，根本没有相似之处！"

我的这个说法是有科学根据的，此处篇幅所限，不便展开来论述，大家可以自己找一些心理学方面的书籍来看。我只是想说这样一个道理：妈妈是否亲手给孩子烧饭，关系到孩子未来婚姻生活的质量。

因为妈妈是孩子生命中的第一个女性，每一个男人在找老婆时，都下意识地以自己的母亲作为参照。因为爸爸是孩子生命中的第一个男性，每一个女子在找老公时，都下意识地以自己的父亲作为参照。母子关系良好，儿子喜欢妈妈，找来的媳妇就会像婆婆，婚姻关系也会亲密。同理，父女关系良好，女儿欣赏爸爸，嫁给的老公也会有老丈人的影子，小两口自然甜甜美美。相反，如果亲子关系不好，那么孩子在寻找伴侣的时候，也许就会有意或无意地寻找跟自己的父母相反的那类人。当然，更多的情况是，亲子关系虽然不好，却仍然被类似自己父母的人所吸引，在婚姻关系中重复童年的体验，尤其是痛苦的体验，这类婚姻难免存在各种各样的问题。无论正面的心理指向，还是负面的心理指向，我们被什么样的人吸引，都逃脱不了父母的影响。

所以，这本书最令人耳目一新的提法就是——如果你想要儿子将来娶一房贤惠能干的媳妇，请你现在给儿子烧饭吃；如果你想要女儿将来嫁一个顾家好男人，请你现在给闺女烧饭吃，并且教会她怎么烧饭。

关于第一点，我不仅有理论支持，也有生活实例。我婆婆是一个特别能干又极会烧饭的人。她养了四个儿子，有四个儿媳妇。这四个儿媳来自天南地北，族裔语言文化背景各不相同，但有一个共通点，那就是没有一个懒人，都勤快能干，都喜欢烧菜给丈夫吃。

关于第二点，道理也很浅显：男人的心是被他们的胃拴住的。淘气小男孩在外边野，肚皮饿了的时候，他知道好吃的在哪里，一定会飞奔回家吃妈妈做的

饭。一个男人如果有一个特别会烧饭的老婆，他一定不会在外边花天酒地，而是心甘情愿地回家吃饭。因为在大多数男人心目中，即便是满席山珍海味，也比不上家里的饭菜香甜可口。

四 饮食是教育的基础

近年来，每当有父母向我咨询孩子的行为问题时，我都会询问一下孩子的饮食情况。很多父母特别关注孩子的学习和行为，却往往忽略了孩子的饮食直接影响他的情绪、认知和行为。我们的消化系统与神经系统息息相关，因为消化系统向全身提供养分，而养分的四分之一是提供给脑的。吃进嘴里的东西会影响我们的情绪，影响我们的脑部发育和运作，进而影响我们的言谈举止。

饮食→情绪→认知→行为，这是经过科学研究而得出来的图谱。同理，环境（外界所发生的一切）首先作用于我们的身体，进而引发情绪反应，两者之间紧密相连，每当我们紧张、焦虑、恐惧、愤怒时，我们的消化系统往往发生相应的反应，甚至我们可能还没有体察到情绪的变化，身体已经给我们提醒了：小到胃酸、没胃口，大到呕吐和腹泻。孩子的反应则更直接。很多孩子处在紧张压力之下，从理智上来讲不敢公然反抗，但身体却以病症来抗议，尤其是消化系统的病症，比如消化不良、呕吐和腹泻。当孩子反复出现消化系统的问题时，我们不能仅仅从医学方面去治疗表象，更要从他所处的环境当中找出引发他病症的根源。

无论是中医还是西方的顺势疗法，以饮食调理生理、情绪和行为，是自古以来的传统。严重过敏的孩子很可能会产生认知和行为方面的偏差，因为消化系统不仅影响免疫系统，更直接作用于脑部。孩子的肠胃不能消化、分解、排除的有害物质，会穿透肠壁进入血液循环系统，对身体其他部位产生影响，孩子的肠胃不能消化、分解、吸收的养分，则无法顺利到达需要它们的地方，造成孩子营养不良。自闭症、多动症、学习障碍、抽动秽语症等等有特殊需求的孩子都需要在饮食方面多加小心，比如自闭症的孩子需要避免摄入面筋类（大麦、小麦、燕麦、黑麦、荞麦等）和酪蛋白类（一切乳制品），多动的孩子需要避免摄入过多维生素C和糖分，所有的孩子都需要尽可能避免摄入食品添加物，控制饮食之后的治疗效果在大部分孩子身上十分显著。

孩子在生命最初几年，最重要的发育部分就是他的消化系统，消化系统可以说是一切的基础。因此我们做父母的需要特别关照孩子的饮食，说到底，饮食是教育的基础。从母乳喂养开始，我们需要捍卫孩子的饮食安全。我们要亲自喂母乳，因为孩子吃的是我们的身体所提供的全面营养，而不是某只我们不认识的奶牛所提供的不适合人类婴儿消化的物质。我们也要亲自给孩子烹调食品，挑选最适合孩子健康发展的食物，以健康的方式提供给孩子。

市面上关于健康饮食的专业书籍琳琅满目，这里我就不再班门弄斧，占用篇幅来详述，只是简单分享一下自己的心得。我推荐妈妈们尽量找到有机食品，尤其是蔬菜，特别是绿叶蔬菜，尽量吃有机的，如果能够买到生物动力（或称活力农耕）农场的产品，那再好不过。

本书所用到的很多草本调料，都可以当作草药来给孩子治病。

五　改变孩子从家务事开始

有妈妈来问我："小巫啊，怎么才能让我家宝贝儿更懂事呢？磨破了嘴皮子，道理说了一大堆，他就是听不进去。"

我回答："让他做家事。"

还有妈妈来问我："小巫啊，怎么才能让我家宝贝儿喜欢学习呢？怎么才能提高他的成绩呢？"

我回答："让他做家事，尤其是学做饭。"

关于家务事对

于孩子健康发展的重要性，我在其他几本书里都有论述。简单地说，要让孩子懂事、不给父母捣乱，最有效的办法就是让他参与家务劳动，从料理自己的内务开始，承担起生活的责任，感觉到自己是对家庭有贡献的一员，感受到自己作为家庭一分子的价值，进而对自己的行为负责任。

所有的孩子，从一岁左右会摇摇摆摆地走路开始，都喜欢给成年人帮忙做事情。一方面，他们是在模仿成年人的行为模式，这是他们学习的主要手段；另一方面，他们也是在积极地参与生活的过程，这是他们感受自身价值的途径。有些家长怕孩子出危险，有些家长担心孩子弄坏物品，也有些家长嫌孩子添乱，更有些家长认为做家事是无意义的活动，就不许孩子接触家务劳动，尤其厨房，更是孩子活动的禁区。他们给孩子买来好多玩具和书本，要求孩子玩专门给儿童设计的玩具，或者看书学习。

可是，从孩子那个角度来看，我们成年人在厨房里丁丁当当热热闹闹，看上去好玩儿极了，那么好玩儿的活动，不许他们参与，他们既羡慕又不解，同时还觉得自己很笨。所以，聪明的父母都乐于让孩子尽其所能料理家事，既锻炼他们的动手能力，又能提高他们的自信，还可以训育孩子自律，一举三得。

明白了上边这个道理，就可以领会为什么做家务还能够提高孩子的学习成绩。很多家长陷入一个误区，当孩子学习吃力时，他们认为提高成绩的唯一途径就是让孩子花更多的时间和精力去钻研书本，并且成年人包揽所有家务，以避免孩子分心。殊不知，一个生活上完全依赖父母的小寄生虫，是没有什么动力、信心和办法来学习的。更何况，对于孩子来说，学习不是在静止不动中发生的，而是必须通过动手体验才能真正获得知识。

烹调本身就是一门艺术，它需要调动一个人全面的本事，既要开动脑筋发挥创意，又要利落能干有条不紊，还蕴含了物理、化学、生物、数学、美术、塑形等等科目的原理。世界上好的教育都注重让孩子动手制作和创造，只有自己原创的作品才能赋予孩子真正的自信。会做饭的孩子对自己的感觉更好，也更乐意主动掌握自己的生活和学习。

六　培养孩子的国际化胃口

十多年前，我的儿子还很小的时候，我们居住的那栋楼里，楼上有个妈妈，自己开了公司，平时工作很忙，孩子托给阿姨照看。一次，这位妈妈好不容易抽出时间来，带着儿子去欧洲旅游。跟我们隆重地道别了，没过两天，我在园子里又碰上了她。我当时很惊讶：你们不是去欧洲了吗？这个妈妈说，咳，别提了，去倒是去了，但是很快又回来了！为什么呢？一个原因是她平时跟儿子在一起的时间太少，孩子不跟她，总是闹着要阿姨；另外一个原因是孩子吃不惯欧洲的食物，跟他妈妈闹绝食，什么都不吃，妈妈心疼宝贝疙瘩儿子，赶快带他回北京了。这趟旅行，白白花了这位妈妈不少银子呢！

这是一个很极端的例子。不过，这些年来，中国人外出旅游的机会大大增多，海外游客里，中国人的面孔占据的比例越来越高，我也的确听说过一些因为孩子吃不惯当地饮食而让父母发愁，给快乐的旅途平添烦恼的故事。

很多中国人都以中华民族的饮食为荣，有极端者，甚至说中国菜是世界上最好吃的，其他国家的菜肴都难以望其项背。中国的饮食文化的确历史悠久、源远流长、博大精深、花样繁多、味道美妙，然而，因此就认为中国菜可以在世界上称王称霸，无人可比，又未免言过其实。可能，有这样思想的人，还是因为吃惯了自己家乡的菜，不习惯其他菜肴，才有此言。一个人成长过程中，饮食的烙印极其深刻，无论走到哪里，无论面对什么样的美味，最怀念的，还是从小长大最喜欢吃的那些饭菜，无论这饭菜在他人眼里多么简单寒酸、不值一提。

这些年，不仅各国佳肴川流不息地进入中国，中国人到世界各地接触不同菜肴的频率也逐年上升。因此我推荐妈妈们让孩子从小多接触不同风味的菜，给孩子培养一个国际化的胃口，免得出国旅游的时候还要到处找中餐馆，还不一定正宗，吃得不舒服。

更何况，旅游本身的意义之一，在于接触和了解其他的文化，而饮食则是所有文化中最基础最本质的元素。可以这样说，如果想了解一个国家的文化，最佳着眼处，就是它的饮食。饮食留给我们的，是多个感官（味觉、嗅觉、视觉、触觉）全方位的印象和记忆。因此，吃一顿当地的饭，比阅读多少文字，都更能直接地触碰到其文化内涵。接纳对方饮食，恰是接纳其文化的开端。抵触对方饮食，则难免会在了解对方文化时带有偏见。

我们这些年来，带着孩子去了不少国家。每到一处，必定要吃到当地正宗的菜肴。孩子们的胃口也很乖，什么地方的菜都爱吃。

七 有心插柳自成趣

我为什么专注于修炼自己烹调西餐的技术呢？也许有人会说，因为我丈夫是西方人，所以我要做西餐给他吃。其实不是的，我丈夫久居中国二十余载，胃口早被中国菜同化了。大部分跨国婚姻里的儿媳妇，最拿手的还是自己的乡土烹调。

我的原因比较奇特。上世纪九十年代中期，我在纽约曼哈顿居住的时候，跟我合租公寓的，是一个年长我几岁的北大师兄。这位师兄厨艺高超，而且恃才自傲，根本看不上我做的菜，很武断地对我说——你一边儿歇着吧，我给你做好吃的！于是，我很自卑很谦恭地躲在一边，师兄每天兴致勃勃地烹来炒去，每个周末还呼朋唤友，大家一起喝酒聚餐，都是师兄一人张罗。我对烹调中餐的信心和动力，就这么销蚀在师兄每天端上桌子的美味里。

可我并不甘心当一个寄生虫，我喜欢做饭，享受在厨房里忙碌。面对厨艺精湛的师兄，我只能另辟蹊径，别出心裁。于是我开始琢磨西餐，最先掌握的，就是pesto绿酱。呵呵，这下子，轮到我双臂交叉，面带慈祥的微笑，不无自得地看着师兄狼吞虎咽，边吞边说"好吃好吃"了！

所以，今天我居然能出这样一本菜谱，这位师兄当初对我的影响，功不可没。如今时过境迁，物是人非，我们之间早已失去联络。谨借此机会，向这位师兄致以深深的感谢！

另外还要事先声明一点，我做饭，纯属自学成才，而非科班出身。我没有参加过正规烹调课程，所以提供的菜谱，大致都是山寨版的，而且根据我们家庭的口味与健康的需求有所调整。挑选哪些菜谱进入这本书的时候，还有一个原则，就是本土妈妈可以轻而易举地找到原料或替代品[注]并且不费吹灰之力地做出来，因此，大部分菜谱属于西餐家常菜，而不是米其林蓝带级别的精致西餐。内行高手看了，难免有笑掉大牙的时候，那您可别来找我补牙（俺娘在世的时候，这事儿还好说，她老人家是镶牙专家），您笑笑就行了。

最后还有一点遗憾，我们全家都喜欢吃东南亚（泰国、越南、缅甸、印度尼西亚等）的菜肴，可惜篇幅所限，没有收录进这方面的菜谱。而且既然内容以"西"为主，即便有亚洲菜系，也偏向中东西亚。

另外，北京婕妮璐超市、北京绿叶子超市、北京法派面包坊、北京家园意大利餐厅为本书提供了珍贵的拍摄场景和实物，有了这些专业店的大力支持，极大地促进了本书的完美出版。在此谨致以真诚的感谢！

本书所参考的菜谱，大多用西方计量单位：杯（cup）、汤勺（tablespoon）、茶匙（teaspoon）或者盎司。如果家里没有一套计量杯，很难掌握这些是多少分量。如果用重量表达，则因比重不同，一杯面粉和一杯黄油不是同一个重量。为方便读者起见，我把大部分计量用毫升来表达，因为杯勺和毫升之间是有定量换算关系的：1杯是250毫升，1/2杯是125毫升，1/4杯是60毫升，1汤勺是15毫升，一茶匙是5毫升。这样，家里只要有带毫升刻度的容器，就可以准确计量出原料分量了。

注：为方便本书读者买到原料，我的朋友念念妈开了一家淘宝店，专门销售本书菜谱里的食材原料，请登录"http://shop108787946.taobao.com/"。

目 录

北京东隅酒店行政总厨 / 罗伯特・康宁特别推荐 / 1

升级版前言 / 2

序/隐藏在美食中的亲子道理 / 5

第一章 早餐 Breakfasts

1.贝谷圈 Bagels / 2

2.烤面包（披塔饼/英式圆饼）及配料 / 4

3.摊薄饼（或华夫饼）配枫树糖浆

　　Pancakes (Waffles) with Maple Syrup / 6

4.法式吐司 French Toast / 8

5.全套传统早餐 Traditional Full Breakfast / 9

（1）煎鸡蛋或炒鸡蛋 Fried or Scrambled Eggs / 10

（2）煎蛋卷Omelette / 11

（2）a 彩椒炒蛋 Pipérade / 13

（2）b 西班牙式土豆蛋饼 Tortilla Espanöla / 14

（3）西式荷包蛋 Poached Eggs / 16

（4）火腿培根香肠 Ham, Bacon and Sausages / 16

（5）煎番茄 Fried Tomatoes / 17

（6）焗豆Baked Beans / 18

（7）爱尔兰式煎土豆 Hash Browns / 18

6.麦片/燕麦粥 Cereals and Oatmeal / 20

第二章 汤 Soups

1.南瓜汤 Pumpkin Soup / 24

2.韭葱土豆浓汤 Leek and Potato Soup / 26

3.各式蔬菜浓汤 Creamy Vegetable Soups / 28

3a、胡萝卜香菜汤 Carrot and Coriander Soup / 29

4.豌豆浓汤 Split Pea Soup / 31

5.番茄浓汤 Tomato Soup / 32

6.希波克拉底汤 Hippocratic Soup / 33

7.阿拉伯小扁豆汤 Lentil Soup / 34

8.罗宋汤 Borscht / 36

9.意大利什菜汤 Minestrone / 38

10.奶油蘑菇汤 Cream of Mushroom Soup / 40

11.三文鱼骨豆腐味噌汤

　　Miso Soup with Salmon Bones and Toufu / 42

12.传统西餐鸡汤 Chicken Soup / 43

A.汤底部分 / 44

B.鸡汤面条部分 / 45

目 录

13. 西班牙番茄凉汤 Gazpacho / 46

14. 法国洋葱汤 French Onion Soup / 48

15. 古巴黑豆汤 Black Bean Soup / 50

16. 玉米巢打汤 Corn Chowder / 52

第三章 三明治 Sandwiches

1. 美味三明治 Gourmet Sandwich / 54

2. BLT（培根生菜番茄）/ 58

3. 汉堡包/豆腐汉堡 Hamburger/Tofu Burger / 60

4. 中东炸蚕豆丸子三明治 Falafel Sandwich / 62

5. 烤奶酪三明治 Grilled Cheese Sandwich / 64

6. 煎鸡蛋三明治 Fried Egg Sandwich / 65

7. 花生酱+果酱三明治 Peanut Butter & Jam Sandwich / 66

8. 热狗 Hot Dog / 67

第四章 意大利通心粉及酱汁 Pasta and Sauces

1. 基础番茄酱 Basic Red Sauce / 72

2. 波罗乃兹酱 Bolognese/Bolognaise / 74

2a.蘑菇波罗乃兹酱Mushroom Bolognese / 76

3.农庄酱Farmhouse / 77

4.罗勒香草酱 Basil Pesto / 78

5.美式培根奶酪通心粉 American Carbonara / 80

6.青菜拌面 Pasta Primavera / 82

7.芝士曲通粉 Macaroni and Cheese / 84

7a.绿色健康版芝士曲通粉 Green Mac' N' Cheese / 86

7b.简易版芝士曲通粉 / 87

8.鲈鱼意面 Pasta with Seabass and Vegetables / 88

9.千层饼 Lasagna / 90

9a.素食千层饼 Vegetarian Lasagna / 91

10.蔬菜番茄酱配牛至

　　Vegetable Oregano in Tomato Sauce / 92

11.烟熏三文鱼奶油酱 Smoked Salmon and Cream / 93

12.蒜蓉法香汁 Garlic Sauce with Parsley / 94

13.培根/火腿番茄汁

　　Bacon/Ham in Tomato Sauce with Rosemary / 95

14.意式烩米饭 Risotto / 96

目 录

15. 意面蛋饼 Spaghetti Frittata / 98

16. 酱汤拉面 Ramen in Miso Soup / 100

第五章　主菜 Main Courses

1. 炖牛肉 Beef Stew / 104

1a. 匈牙利炖牛肉 Goulash / 104

1b. 法式焖罐牛肉 Beef Daube / 106

2. 烤/煎牛排 Beef Steak / 108

3. 烤牛里脊 Roast Beef / 110

4. 希腊茄子饼 Moussaka / 112

5. 捷克式卷心菜包 Stuffed Cabbage Leaves / 114

6. 羊肉烩土豆 Aloo Gosht / 116

7. 牧羊人馅饼 Shepherd's Pie / 118

8. 肉糕 Meatloaf / 120

9. 烤鸡 Roast Chicken / 122

10. 坦都里烤鸡 Tandoori Chicken / 124

11. 玉米鸡煲 Chicken Corn Stew / 126

12. 北非小米配烩肉 Couscous / 128

13. 美式墨西哥玉米馅饼 Burritos / 130

14.墨西哥微辣烩豆 Chilli con Carne / 132

15.金枪鱼煲 Tuna Casserole / 134

16.香葱莳萝烤三文鱼 Dill Baked Salmon / 136

17.藏红花/姜黄粉煎三文鱼 Cha Ca Salmon / 138

18.烩鱼 Fish Stew / 140

19.烤鱼 Grilled Fish / 142

20.比萨 Pizza / 143

21.土豆烩菜花 Potato and Cauliflower / 145

22.法国烩菜 Ratatouille / 146

23.摩洛哥式蔬菜塔金 Vegetable Tajine / 148

24.墨西哥素烩豆 Vegetarian Chili / 150

25.墨西哥素玉米馅饼 Vegetarian Tacos / 152

26.蔬菜奶酪烤米饭 Green Rice Bake / 154

27.西班牙式蔬菜饭 Vegetable Paella / 156

28.咖喱蔬菜 Vegetable Curry / 158

29.鹰嘴豆玛莎拉 Chana Masala / 160

30.烤茄子咖喱 Baignan Bharta / 162

31.菠菜烩奶酪 Palak Paneer / 164

32.番茄酸奶烩秋葵 Okra and Tomatoes in Yogurt / 166

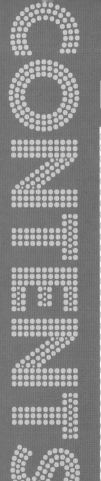

目 录

33.坚果烩饭 Nut Pulao / 168

34.小扁豆烩饭 Kedgeree / 169

35.法式蔬菜派 Vegetable Quiche / 170

36.菜糕 Vegetable Loaf / 172

37.奶酪花椰菜/西蓝花 Cauliflower/Broccoli Cheese / 174

38.番茄汁花椰菜/西蓝花

　　Cauliflower & Broccoli in Tomato Sauce / 176

第六章 沙拉 Salads

1.美味田园沙拉 Gourmet Garden Salad / 180

2.中东法香碎麦沙拉 Tabouli / 181

3.恺撒沙拉 Caesar Salad / 182

4.土豆沙拉 Potato Salad / 183

5.鸡蛋沙拉 Egg Salad / 184

6.鸡胸/火鸡胸沙拉 Chicken/Turkey Salad / 185

7.金枪鱼沙拉 Tuna Fish Salad / 186

8.意粉沙拉 Pasta Salad / 187

9.卷心菜沙拉 Coleslaw / 188

10.华德福沙拉 Waldorf Salad / 189

11.面包番茄沙拉 Panzanella / 190

12.红菜头沙拉　 Beetroot Salad / 191

13.紫甘蓝沙拉 Red Cabbage Salad / 192

14.蘑菇沙拉 Mushroom Salad / 193

15.希腊沙拉 Greek Salad / 194

16.番茄嵌蛋片

　　Tomatoes Stuffed with Eggs / 195

17.北非小米沙拉 Couscous Salad / 196

18.玉米沙拉 Corn Salad / 197

19.三豆沙拉 Three Bean Salad / 198

20.沙拉汁 Salad Dressing / 199

目 录

第七章 配菜及小吃 Side Dishes and Snacks

1.土豆泥 Mashed Potatoes / 201

2.肉浇汁 Gravy / 202

3.蘑菇红酒肉浇汁 Mushroom Red Wine Sauce / 203

4.迷迭香烤土豆 Rosemary Roasted Potatoes / 204

5.辣味土豆包 Spicy Jacket Potatoes / 205

6.番茄炒豆角 String Beans in Tomato Sauce / 206

7.奶酪烤饼干 Crackers and Cheese / 207

8.烤蛋小吃 Bacon/Tomato/Bell Pepper Baked Eggs / 208

9.披塔饼小吃

   Pita Pocket with Melted Butter（Sam供稿）/ 209

10.墨西哥鳄梨酱 Guacamole / 210

11.墨西哥番茄酱 Salsa Dip / 211

12.中东鹰嘴豆泥 Hummus / 212

13.中东茄泥 Baba Ganoush / 213

14.香草酸奶酱 Sweet and Sour Raita / 214

15.蒜蓉面包 Garlic Bread / 215

第八章 甜点和烘焙 Desserts and Baking

1.奶酪司康 Cheese Scones / 218

2.约克郡布丁 Yorkshire Pudding / 219

3.麦芬 Muffins / 220

3a. 蔬菜麦芬 Vegetable Muffins / 221

4.巧克力麦芬 Chocolate Muffins / 222

5.热巧克力奶 Hot Chocolate / 223

6.淡奶油曲奇 Butter Cookies / 224

7.巧克力豆曲奇 Chocolate Chip Cookies / 225

8.浓情巧克力蛋糕 Death by Chocolate Cake / 226

9.提拉米苏 Tiramisu / 228

10.孜然籽苏打饼干 Cumin Seed Crackers / 230

11.芝士蛋糕 Cheese Cake / 231

12.纯素香蕉蛋糕 Vegan Banana Cake / 232

13.纯素饼干 Vegan Cookies / 233

14.自制果酱 Fruit Jam / 234

15.水果沙拉 Fruit Salad / 235

目 录

第九章 香料 Herbs and Spices

1.迷迭香 Rosemary / 237

2.百里香 Thyme / 237

3.鼠尾草 Sage / 238

4.牛至 Oregano / 238

5.罗勒 Basil / 239

6.法香 Parsley / 239

7.莳萝 Dill / 240

8.咖喱粉 Curry Powder / 240

第一章 早餐
Breakfasts

"早餐是一天之内最重要的一餐。"相信大家对此健康训诫早已耳熟能详。

中餐和西餐的早餐从形式上来看大相径庭，从本质上来讲却十分接近，都是由谷类、蛋类和肉类组成，唯一的不同是西餐多了奶制品和果汁，不过对于很多现代城镇的中国人来说，早晨喝牛奶喝果汁也已成习惯。

这里介绍几样我们家早餐桌上最常见的品种，特别说明一下，在所有这些菜品之外，我们每天早晨都会吃水果，孩子们有时候喝牛奶，有时候喝果汁。因为水果不必烹调，就没有写进菜谱。

1.贝谷圈 Bagels

贝谷圈是16世纪在波兰发明的，后来成为犹太人的特色食品，目前流行于美、加、英等国家。贝谷圈是一个巴掌大小、中间有洞的面包圈，用掺了发酵粉（无铝泡打粉）的小麦粉制成，先煮后烤，外焦里嫩，筋道耐嚼。传统的贝谷圈表面上可以撒一些芝麻或者罂粟籽，现代的贝谷圈则花样繁多，除了小麦之外，还有黑麦做的，口味上除了原味和芝麻或罂粟籽之外，还有葱蒜味的、肉桂味的、蜂蜜味的、加了葡萄干的，等等，更有所有口味都掺和到一起的"全味"的。

贝谷圈可以单独吃，可以切开当面包片烤，涂抹上黄油、鳄梨、花生酱或者奶油乳酪（也称"忌廉芝士"，cream cheese）吃，也可以夹上各种肉类，制成三明治。

奶油乳酪cream cheese除原味之外，也有多种口味。贝谷圈抹奶油乳酪（bagel with cream cheese）简直就是许多美国人——尤其纽约人——的固定早餐，像大饼夹油条是很多中国人的早餐必备一样。

贝谷圈抹奶油乳酪夹烟熏三文鱼（bagel with lox and cream cheese）是美国犹太人的传统食品之一，也受到普通大众的喜爱。我住在纽约的时候，经常早餐就是这样一份三明治。做得最美味的一家，

（此图来源图库）

在世贸双子塔地下一层的商铺里。随着双子塔的倒塌，这份美味只能留在记忆和怀念当中。

北京第一家制作贝谷圈的是"单太太贝谷面包坊"，20世纪90年代后期开创的，我敢说全城爱吃贝谷圈的人都知道也肯定都吃过。

原料

● 1只贝谷圈，最好是原味，其他口味会影响三文鱼的味道
● 50克烟熏三文鱼
● 20克奶油乳酪，也最好是原味
● 适量柠檬汁、洋葱末、煮鸡蛋碎、刺山柑（可选用）

做法

1）贝谷圈切两半，放入烤面包机里烤到自己喜欢的程度，外表略呈酥脆状；
2）两半各涂抹上奶油乳酪，喜欢多吃就多抹，厚厚一层也无妨；
3）三文鱼夹在其中；
4）这已大功告成，不过讲究一些的人还会

挤几滴柠檬汁，撒一些洋葱末（或细细的洋葱丝），少许切碎的白水煮蛋，以及刺山柑（capers，也称续随子花蕾或者马槟榔果）。

备注

这款三明治既可当早餐吃，亦可当午餐吃。

2.烤面包（披塔饼/英式圆饼）及配料

前边说了那么多关于贝谷圈的事儿，其实它也是这一项里边的原料之一，那就是各式各样的面包。讲究一些的人要买专门的可供烤着吃的面包，即"吐司面包"（吐司是英文toast的音译），我们家则是爱吃的面包都可以拿来烤。即便不是那种现成的切片也没关系，有一把得心应手的面包刀（下图）就行了。

目前国内超市和蛋糕坊里出售的面包，并不是按欧美配方烘焙的，而是加入了鸡蛋、黄酒和香精，松软甜香，不伦不类，既不正宗也没什么营养。如果能够找到外国人开的面包坊是最好的，或者在一些五星级酒店可以买到比较地道的面包。我们喜欢吃全麦类的（whole grain），以及黑麦面包（rye）。有些读者一开始可能吃不惯，觉得比较酸比较硬，多尝试几次就能体会到其美味了。从营养角度来说，有嚼头的食品最健康，在口腔里多多咀嚼，与唾液里的酶充分混合，既有助于营养的吸收，也不至于吃得过饱。

披塔饼（pita bread）是中东人的主食，也是我们家盘中常客，孩子们都特别喜欢吃。既可以早餐烤了吃，也可以做三明治的原料。

英式圆饼（English muffins），也有人叫它"英式麦芬饼"，大概是10世纪发明出来的，在英语国家很流行。麦当劳的早餐有山寨版，我们家还是更喜欢正宗面包坊里烘焙出来的。

这些面包都可以直接吃，不过在小烤炉里烤一下再吃口感更佳。它们可以涂抹各种配料：黄油、鳄梨、奶油奶酪、花生酱、酵母酱、果酱，等等。

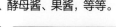

酵母酱（marmite）于1902年在英国发明，是英国饮食的标志性食品之一，从制作啤酒的酵母料里提取，口味很咸，气味也比较浓，不习惯的人会感到难以下咽。不过我们家大人孩子都很喜欢，其营养价值比较高，含有丰富的B族维生素。酵母酱吃多了的人，蚊子都不咬，据说是因为体内B族维生素充足的缘故。酵母酱最好和黄油一起抹在面包上，先抹黄油，再涂酵母酱，吃起来口味更佳。我们家的酵母酱货源在新西兰，每次回去探亲都会买上几大瓶，够吃一年的。新西兰的酵

母酱都产自基督城，2011年的大地震，震坏了厂家，导致后两年全国酵母酱断货。直到2013年底，我们才又买到酵母酱。

鳄梨（avocado），也称牛油果、酪梨，是我们全家最钟爱的好东西之一。质地柔滑，味道甘美，富含各类维生素、矿物质、健康脂肪和植物化学物质。富含脂肪，但全是有益身体的单元不饱和脂肪，能减少低密度脂蛋白胆固醇，降低患心脏病的风险。纤维含量很高（一个鳄梨提供的膳食纤维为每日摄取量的34%），因为可溶纤维能清除体内多余的胆固醇，而不溶纤维能帮助保持消化系统功能正常，预防便秘。它是叶酸的良好来源（一个鳄梨提供57微克叶酸，即每日摄取量的28%）。这种重要的维生素能预防胎儿出现先天性神经

管缺陷，减少成年人罹患癌症和心脏病的概率。镁这种矿物质有助于缓和经前综合征、偏头痛、焦虑和其他不适。鳄梨所含的一种单元不饱和脂肪，可代替膳食中的饱和脂肪，降低胆固醇水平。

鳄梨可以直接吃，我们在做三明治的时候，往往以鳄梨替代黄油，涂抹在面包上，口味更加鲜美。

其他一些配料如黄油、花生酱、果酱等等，因为大家都比较熟悉，不再一一赘述。如果想中西结合，烤面包片抹芝麻酱吃也行。

3.摊薄饼（或华夫饼）配枫树糖浆
Pancakes (Waffles) with Maple Syrup

薄饼（pancake）是许多西方国家早餐桌上常见品，英、美、澳、欧等地的做法有一些差异，但基本上是用面粉、小苏打、黄油、牛奶、鸡蛋、糖分，混合成糊糊状，也可以调入肉桂、豆蔻、香草等调味料，在平底锅里摊成薄饼，两面煎熟，配上黄油、果酱、新鲜水果如草莓、香蕉、蓝莓等等，洒上枫树（槭树）糖浆（maple syrup），又香又甜。

美式薄饼是参照苏格兰做法，摊得比较大比较厚，直径在10—15厘米。澳大利亚和新西兰的薄饼则比较小，他们叫做pikelets，听上去就是"小圆饼"（我们家就这么称呼）。英、美、加、澳等国还有"薄饼节"Pancake Day，也叫Shrove Tuesday，忏悔星期二，人们在基督教大斋节（Lent）之前吃这种饼，把家里剩余的油脂食品打扫干净。

薄饼在法国倒是名副其实的薄，他们称为crêpe，薄薄的一层，比各国的pancake都大一些，直径可在20厘米左右，裹上各种配料卷起来吃，荤素甜咸都有，巧克力做配料非常受欢迎。

枫树糖浆属加拿大产的最为上乘，加拿大国旗上不就是一片枫树叶子吗？

勤快的主妇都自己调薄饼糊糊，可以根据口味爱好调整或者搭配成分。我属于懒惰的主妇，一向去商店买现成的薄饼粉（pancake mixture），每次做的时候挖出几大勺，兑上水，调稀调浓都随意。

平底锅烧热，倒上少许橄榄油，油热一些后，用大勺子盛一勺糊糊，摊到锅里。把小饼摊圆的秘诀是以勺子为圆心转几转，让糊糊自然落下去。火不要太大，待到饼糊上布满泡泡，就用铲子翻过去煎另外一面。如果煎大圆饼，翻身的时候可以颠锅；我们家原先只煎小圆饼，一次煎四五张，必须用铲子一只一只地翻。理想的是两边都煎成淡棕色，火大了会变成深棕色，火小了则是金黄色，只要不是烧焦了，酥的软的都好吃。

说到薄饼，则再提一笔华夫饼（Waffle），它也是欧美人的常见早餐，主料和配料与薄饼相似，只是形状和口味略有差异。烤华夫饼需用华夫饼铛，正方形、圆形、花形皆可，上边布满小格子，出来的饼身上也都是小格子。与薄饼最大的不同是，华夫饼需烤得酥脆才好吃。最常见的配料也是黄油、枫树糖浆、果酱以及新鲜水果等等。

如果你有出国的机会，又酷爱华夫饼，不妨带一个饼铛回来。我们家只是偶尔去婕妮璐超市买回现成的华夫饼，在面包炉里烤了吃。

华夫饼 Waffles（念念妈供稿）

原料

- 3只鸡蛋
- 100毫升牛奶
- 200克低粉
- 60克砂糖
- 5克无铝泡打粉
- 55克植物油（可用60克融化黄油代替）

做法

1）低粉、无铝泡打粉混合过筛备用，如果使用黄油，提前将黄油融化备用。

2）用打蛋器将鸡蛋打散。

3）把砂糖加入打散的鸡蛋当中，搅拌均匀。

4）把牛奶加入蛋液中，搅拌均匀。

5）把低粉、无铝泡打粉等混合粉类筛入蛋奶液中，搅拌均匀。

6）把植物油或者融化的黄油倒入面糊中，搅拌均匀。

7）在洗净擦干的华夫饼模具上轻涂一层少少的油，缝缝里也要刷到。中小火在炉灶上预热华夫饼模，热到第一滴水瞬间蒸发的程度，倒入面糊。

8）合上模具，小火，烘大约1分钟后，翻面继续烘2分钟，此时模具周围在冒蒸汽，继续翻面烘1分钟。

9）蒸汽停止后，打开模具，如果有一面可以很轻易地掉下来就是差不多熟了。再把没掉下来的那面烘30秒左右，即可脱模冷却。

4.法式吐司
French Toast

法式吐司是非常有名的一道早餐，跟法国有多大关系，尚不得知，但历史比较悠久，最早记录见于四世纪。法式吐司很容易做，也很美味，只是像我这样爱臭美的人不敢多吃，因为热量比较高。

原料

- 8—10片面包，隔夜面包更佳
- 4只鸡蛋
- 250毫升牛奶
- 黄油适量
- 盐少许
- 槭树糖浆
- 新鲜浆果或水果，比如蓝莓、草莓、香蕉等

做法

1）鸡蛋打散，和牛奶搅拌，撒入盐。

2）将面包片浸入蛋奶汁几秒钟，小心操作翻面，让两面都覆盖上蛋奶汁。仅仅浸泡一次煎的片数，不要多泡。

3）平底锅坐热，融化适量黄油。

4）面包片置入平底锅，视锅的大小决定一次煎几片。中火一面煎至棕黄，再翻面煎。

5）配上槭树糖浆或者果酱，加上喜爱的水果，开吃！

5.全套传统早餐
Traditional Full Breakfast

前边介绍的几种早餐都还算是比较健康而简便，而传统的英美式早餐则比较油腻，包含以下几大类。

蛋类：煎蛋、炒蛋、蛋卷；

肉类：火腿、培根、香肠、牛排、牛腰子；

蔬菜：煎番茄、焗豆、煎土豆；

谷类：烤面包（麦芬饼）配黄油果酱，摊薄饼；

饮料：牛奶、果汁（橙汁或西柚汁）、咖啡、茶。

我们家只在周末时间比较充裕的时候偶尔做一两样，出于健康考虑，很少吃全套早餐（full breakfast）。

（1）煎鸡蛋或炒鸡蛋
Fried or Scrambled Eggs

传统的煎蛋炒蛋用黄油，我们家出于健康考虑，一律改用橄榄油或者芥子油，质量好的不粘锅更进一步省油。

煎鸡蛋分两种，一面煎(sunny side up)和两面煎（over），两面煎有三种熟度：全熟（over well），半熟（over medium），略熟（over easy）。没生孩子之前，我和丈夫都喜欢吃一面煎的鸡蛋，喜欢稀软的溏心蛋黄。给孩子煎鸡蛋，则更加谨慎一些，两面都煎透了再起锅。

西餐煎蛋和中餐煎蛋不一样，中餐的煎蛋用大火旺油把蛋白煎得焦黄卷边，蘸酱油吃。西餐的煎蛋则用很少的油，中等的火候，鸡蛋的形状比较圆而扁，吃起来不那么油腻。

西餐的炒鸡蛋，生蛋打散时，最好用打蛋器搅出泡沫来，并且加入少许牛奶或者奶油，加水也行，鸡蛋炒出来方能更加酥软可口。我做中餐的炒鸡蛋，用中式炒菜锅，大火旺油，鸡蛋液顺着锅边绕着圈子淌下去，炒出大花儿来。做西餐的炒鸡蛋，则用平底锅，少许油，中等火候，鸡蛋液一下子放进去，再立刻炒开，形成小朵的蛋粒。

煎鸡蛋和炒鸡蛋单吃也行，放在烤面包片上吃更好，吃的时候撒一些盐和胡椒在上边，也可以蘸一些调味番茄酱（ketchup）。

（2）煎蛋卷Omelette

　　煎蛋卷据说是波斯人发明的，流传到欧洲，因制作手法十分灵活变通，在西方各国都有不同的做法。基本上就是打好的鸡蛋液裹上各种配料，比如肉类、蔬菜、奶酪等等，煎成蛋卷。即便我们在家做，也可以根据自己的心情、口味和厨房有什么原料来调配。

　　做煎蛋卷的鸡蛋，生蛋打散时一定要使劲儿打，如果有条件最好用打蛋器，加入少许牛奶或者水，打出泡沫来。打的时间越长，成品的口感越好。

　　我在家一般用两只鸡蛋做一人份的蛋卷，三只鸡蛋是正宗做法。如果大家都很饿，锅也足够大，则可以用多只鸡蛋做多人份的，起锅之后分成小份。一人份的做卷比较容易，多人份的更便于做成整锅大小的一张饼，叫做frittata，起锅后切开。

　　配料需切成细粒，比较流行的有火腿、奶酪、洋葱、灯笼椒、蘑菇等。吃的时候可以撒一些盐和胡椒，也有人喜欢蘸ketchup。

　　做法也因个人爱好而异。有人喜欢先炒配料起锅，再把蛋液放进平底锅里，形成一张圆饼，一面或者两面煎熟之后，把炒好的配料放到中间，卷成一个蛋卷来吃。有人喜欢将配料与蛋液搅在一起，同时放进锅里煎，比较省事儿。

　　正统的做法之一是：

　　1）平底锅中火坐热，融化黄油或下橄榄油；

2）倒入蛋液，静观其冒泡烹调；

3）用铲子试试看底面是否已经凝固发硬，将锅倾斜，让尚未烹调的蛋液流到蛋饼边来煎熟，用这种方法来烹调所有的蛋液，不要翻面，否则鸡蛋过硬不好吃；

4）等到没有流动蛋液时，加入配料，将其均匀撒在蛋饼的一边，而后将蛋饼的一半翻过去，形成一个半圆，用铲子压一压，让配料充分烹调。也可以将配料堆在蛋饼的中央，将蛋饼两边翻过来，形成一个蛋卷。

以上这种做法比较费时间，我在巴厘岛度假，酒店里吃自助早餐，煎蛋台那里一般都非常忙碌，我看到厨师对蛋卷采用了这样一种快捷的做法：

先炒配料（奶酪除外），不出锅，把蛋液倒进锅里，像炒鸡蛋一样搅散，然后迅速地把锅倾斜起来，把所有原料均匀地堆成一个小半圆或者蛋卷状（熟练的大师傅则用手腕的巧劲儿颠出来），等这一面煎好之后翻过去煎另外一面。如果放奶酪，则跟蛋液一起放。

煎蛋卷是我儿子最喜欢的早餐食谱之一，平时他上学出门早，而做蛋卷比较耗时，加上我还要准备他的午饭，更是忙不过来。有一天家里做蛋卷的材料无多，我看到有一只柠檬，就灵机一动，在打散的蛋液里调入一小撮柠檬皮礤下的丝，做给他吃，居然受到热捧；

从此之后，"柠檬皮蛋卷"（Lemon Rind Omelette）就成了他独享的保留节目。时间紧迫时，我有时就炒些洋葱碎，或者加入一些奶酪，来做他爱吃的"洋葱蛋卷"或者"奶酪蛋卷"。

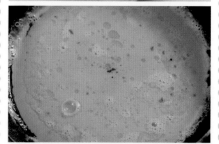

（2）a 彩椒炒蛋 Pipérade

这是一道源自西班牙巴斯克地区的特色菜，成菜后的颜色酷似巴斯克旗帜（红绿白）。做法可以灵活掌握，既可以当早餐，也可以加入其他肉类原料，当主菜。

原料

- 1只洋葱，切碎
- 1只红彩椒，去籽切丝
- 1只绿彩椒，去籽切丝
- 1只番茄，去皮切碎
- 1瓣大蒜，拍碎
- 4只鸡蛋，加入少许牛奶，打散
- 30毫升烹调油
- 盐和胡椒适量

做法

1）平底锅热油，下洋葱末翻炒8分钟左右，炒软。

2）下红绿彩椒丝，小火翻炒5分钟左右。

3）下蒜末和番茄碎，调入胡椒粉，翻炒5分钟左右。

4）锅里倒入蛋液，烹调3分钟左右，偶尔搅动一下，不要搅得太碎。

5）起锅，配烤面包片食用。

（2）b 西班牙式土豆蛋饼

Tortilla Espanöla

最近这些年，我一直在辅助我的德国弟弟在北京举办华德福夏令营，每年都担任夏令营助教培训老师；每年的夏令营，都把两个孩子送到长城脚下参营；每年夏令营结束，都会在自己家里招待中方和德方的助教。2011年毕营后，还没有离开北京的助教们，聚到我们家吃早餐。我给这些肉食者准备了大量的香肠、培根、火腿，外加奶酪、面包，给我自己和另外两位素食者做了一份西班牙式煎蛋卷，想着这样应该够吃。

但是，煎蛋卷一出现，大家都抢着要一份，人多量少，只能每人切一小条，到我这里时，几乎没剩下什么了。德国弟弟还说："你应该做双份啊，12只鸡蛋的。"我心里白了他一眼："哼！我本来是做给三个素食者吃的，你们抢了我口粮，害得我没早饭吃，还赖我做得不够多，真不讲理！"

从那之后，这款煎蛋卷就成了我们家餐桌上的常客。尤其我儿子，特别爱吃，经常点着要我做。

这款菜做起来比较费时间，需要耐心。

原料

- 6只鸡蛋
- 1000克土豆，去皮切厚片
- 2只大洋葱，切丝
- 50毫升橄榄油
- 牛奶、盐、胡椒适量

做法

1）平底锅烧热，下橄榄油，中小火翻炒洋葱丝，炒10分钟左右，直至完全炒软，盛出来晾在一边。

2）锅里下油，将土豆片码放好，煎透一面后，再翻面煎。可能需要两三次才能煎完所有土豆片。煎好的土豆片盛起来，放到厨房纸巾上吸油。（如果时间紧，家里有另外的平底锅，可以土豆和洋葱同步烹调。）

3）鸡蛋打散，用力多打，直至起泡；可加入适量牛奶。

4）将土豆、洋葱和蛋液放回平底锅，小火慢慢煎熟，参照前边蛋卷做法。

5）因这款蛋卷很厚，需要辅助工具翻面，如果没有合适的工具，可以采用这个办法：烤箱上层预热到180度，将平底锅置入，烤3—5分钟，至蛋液凝固。

花样

这种frittata式煎蛋饼没有固定标准的做法，而是根据自己手头的材料灵活掌握。有一次我的一位密友从上海来我家小住，第一顿早餐我用头天晚上剩余的鹰嘴豆玛莎拉（见160页）给他做了一份蛋卷，他觉得十分美味，吃了大半张。

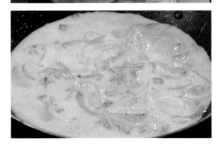

（3）西式荷包蛋 Poached Eggs

鸡蛋最健康的做法应该不用油，白水煮蛋为最佳，其次是荷包蛋。荷包蛋看似简单，实际上也有不少讲究。

原料

鸡蛋，白醋，清水

做法

1）平底锅里清水煮开后降至小火，不要大火滚水煮，而是要用80度左右的开水；

2）放少许白醋（参考比例为1升水兑15毫升白醋），用以促进蛋白凝固、防止鸡蛋散黄，并且使鸡蛋看上去又白又嫩；

3）鸡蛋敲开，先放进盘子或者小碗里，防止蛋黄散开，然后徐徐滑入水中；

4）用勺子将蛋白向蛋黄靠拢，讲究的人会用专门的蛋圈来做出圆满形状；

5）盖上锅盖煮2—3分钟（室温鸡蛋，如果冰箱里取出的，则需要大约5分钟）；

6）放到烤面包片上，撒上盐和胡椒，用刀叉切成小块吃。

我对西式荷包蛋的记忆尤为温馨，当年刚刚跟丈夫在一起生活时，他每天

早起给我做好两个荷包蛋，然后到床边将我吻醒。每天就这样带着他的气息起床，吃他亲手烹制的早餐，美美地开始一天的生活。

现在工作更加繁忙紧张了，丈夫每天叫全家起床，然后我们轮流给孩子们准备早餐，他会给我沏一杯茶。不过，周末的时候还能享受到他的全套早餐。

（4）火腿培根香肠 Ham, Bacon and Sausages

全套英美式早餐的主角除了鸡蛋之外，就是肉类，以火腿、培根和香肠为常见角色，不过一般来说是轮番上场，如果每次都是满堂贯，也太过油腻而不够健康。

火腿自己制作起来比较麻烦，我婆婆会做，也就每年圣诞节的时候做一只猪腿，吃好久。对我们年轻一辈的人来说，买现成切片的就行。超市包装好的那种，添加剂太多，口感也不好。我们一般会去主打西餐原料的超市，就像国外的超市一样，熟食柜台里有各种口味的火

腿：烟熏、烤制、蜜汁、苹果汁，等等，要几片就切几片。有些带公寓的大型饭店的食品部也会有卖，比如北京的丽都饭店就有一家熟食店Delicatessen，可以买到各种腌肉、面包和香肠。

　　培根味道比较香，孩子们都爱吃。放几条在平底锅里，中火煎到油都出来，剩下脆脆的培根。最好在一只盘子里放上一张厨房用纸，把培根裹在里边，将更多的油吸出来，再给孩子吃。

　　香肠有各式各样的，猪肉肠、牛肉肠、鸡肉肠、混合肉肠，还有萨拉米，等等。我们从来不买超市里的即食香肠，还是去西餐超市买正宗的西式香肠，有些还标明是"德式早餐肠"（香料含马祖兰草和葛缕子籽）或者"英式早餐肠"（香料含百里香和鼠尾草）。这些香肠都是生的，回家后需要在平底锅里煎熟。

（5）煎番茄 Fried Tomatoes

　　西式早餐还有一些蔬菜类的配角，这里介绍一些常见菜品，煎番茄即是其中一味。

原料

番茄，橄榄油，牛至（oregano）

做法

番茄切成两三厘米的厚片，平底锅烧热，放少许橄榄油，将番茄片放进去煎，3—5分钟之内两面都煎熟后起锅，撒上牛至。

（6）焗豆 Baked Beans

西式早餐里的焗豆一般用的是白色的菜豆（haricot beans，亦称navy beans），跟番茄一样，原产于北美洲，16世纪流传到意大利和法国。人们提起焗豆，往往指的是番茄汁焗豆，原料除菜豆和番茄或番茄酱之外，还有洋葱、培根、大蒜、糖蜜、芥末酱等等，除了泡豆子的时间，所有原料放进锅里的烹调时间需要8~10个小时。所以我建议大家买现成的焗豆罐头，拿回家加热一下就可以了。

（7）爱尔兰式煎土豆 Hash Browns

煎土豆是英美式早餐必备菜品，而且花样种类繁多。土豆切丝、切块、切片后或炸或煎，都叫做hash browns。中国读者可能比较熟悉的是麦当劳早餐卖的那种炸薯饼，是用土豆丝炸出来的。在我看来过于油腻，而且吃不出土豆的味道来。我们更喜欢切片或者切块煎制的那种。

这里介绍我的一位爱尔兰裔美国朋友介绍给我的做法。

原料

- 3—5只土豆,洗净后带皮切1厘米见方的丁
- 1只洋葱,切碎
- 2瓣大蒜,拍碎
- 20—30毫升烹调油或黄油
- 适量盐和研磨胡椒

做法

1)将切好的土豆丁在冷水中洗一下,滤去水分,放在一只大碗里。

2)将洋葱末、蒜末、盐和胡椒与土豆丁搅拌均匀,还可以拌入一些自己喜爱的干香草料。

3)平底锅下烹调油或黄油,中火烧热,下土豆料,用锅铲均匀散开并用力压扁。

4)灶火拧小一些,让土豆在锅里煎10分钟左右,直至这一面煎得焦脆。

5)翻过土豆,煎脆另一面。

备注

如果不是素食者,可以加入白水煮蛋、火腿丁、熟鸡肉丁等翻炒,这道菜可以当作正餐来吃。

6.麦片/燕麦粥
Cereals and Oatmeal

　　前边啰嗦了这么多繁杂的早餐，如果早晨时间充裕的话，倒是可以烹调来慢慢品尝。只是现代都市人，每天早晨都是冲锋陷阵一般，很少有闲工夫开火做饭。尤其国外的父母们，特别是双职工家庭，家里没有老人和保姆帮忙，要叫三四个孩子起床，要全家都吃上早餐，还要在校车来之前或者准时出门之前准备好所有人的午餐便当，想想都令人头大。于是一种更简便的早餐在西方十分流行，无须烹调，连三岁小孩都能独立准备，不需要大人帮助，给妈妈们减轻了许多负担，同时还营养丰富。

这味神奇的早餐就是各式各样的即食谷类脆片（cereal），倒进碗里，冲上冷牛奶，viola！既果腹又养身。

早餐cereal最早出现在19世纪中期的美国，由素食运动者发起，他们不喜欢吃传统的油腻多肉的早餐，于是改为吃谷类早餐，但是制作过程比较费时。后来一些生产商改进制作方式，做成即食型，包装成盒，二战之后在西方餐桌上开始盛行。

早餐cereal可以说五花八门，什么样的都有，任何一家西方超市，包括中国的西餐超市，摆放cereal产品都需要几只大架子，上边琳琅满目，小麦、燕麦、荞麦、大米、玉米等谷类为主角，配上葡萄干、水果干、莓子干、干果（如榛子、大杏仁、核桃仁等）、麦麸、槭树糖浆、蜂蜜等等，再强化一些维生素或者微量元素，烘焙成或脆或韧的片片、球球、圈圈或者饼状，还有给孩子们制作的五颜六色的或字母形状或动物形状，就看你爱吃什么了！

进入中国市场的早餐cereal以雀巢为主，一个盒子里装几小包，但是雀巢在中国销售的cereal用的原料不够好，分量轻（因为不是全谷类），而且使用了膨化剂，添加剂也多，尤其糖分和色素，口感过甜，营养不足。在家乐福、华润等大型超市里，有进口早餐cereal销售。

我们家出于营养考虑，避免挑选那些色彩鲜艳的、口感甜腻的品种，而是更多选择高纤维的全谷类（whole grain）品种，甚至会买来纯谷麸（bran）类，几种cereal掺和在一起吃，不至于哪一种吃腻了。如果能买到有机的，那更好。

如果不喜欢用牛奶泡谷片，可以用原味豆浆替代，还可以加入自己爱吃的新鲜水果，比如蓝莓、草莓、香蕉（后两种需要切成片）等，也可以加入干果，如大杏仁、核桃仁、葵花子、腰果等。

有一种谷类早餐是需要略加烹调后热着吃的，那就是燕麦粥（oatmeal）。现在市场上也有即食燕麦粥，不过从营养角度来说，还是需要煮一煮再吃的那种比较好。我女儿小时候喜欢吃燕麦粥加蜂蜜。

第二章 汤
Soups

　　略具西餐常识的人都知道，跟中国北方人饭后喝汤的习惯相反，西餐的汤是饭前吃。我说"吃"汤而不是"喝"汤，是因为西餐的汤的确是当作一道菜来"吃"的，具备果腹的功用，而不像中国北方人的汤，是解渴和溜缝儿的，也不像中国南方广东等地的汤，虽然也是饭前喝，但是用来开胃保健的。

　　我从小就喜欢汤，无论是溜缝儿的汤，还是果腹的汤。吃中餐，最后不热热地喝上一大碗汤，好像这顿饭没吃完，总感觉缺点儿什么。吃西餐，先来一盅浓浓的汤，肚子里暖洋洋的，舒服得紧。

　　西餐的汤，从质地和口感上来说，可以粗略地分为三类，第一类是清汤（clear soup），比如法国人最喜欢的牛肉清汤（beef consomme），虽说就是清澈见底的一杯汤，做工还挺讲究；第二类是浓汤（creamy soup），比如西餐馆菜谱上最常见的奶油类汤，例如奶油南瓜汤、奶油蘑菇汤、奶油芦笋汤，等等，虽然都冠以"奶油"二字，我们在家里做的时候，为健康起见，可以省略奶油成分，关键之处在于搅拌成糊糊状；第三类就是chunky soup，比如小扁豆汤，我至

今没找到合适的中文词，这类汤里的原料或片或块或丁或丝，总之没有被搅打成糊糊，还是能看出来各是什么，主料丰盛，可以当正餐来吃。当然还有creamy兼chunky的汤，比如巢打汤（chowder）之类的。

中餐有吊高汤的传统，用高汤做汤底，烹调出来的汤味道尤为鲜美。西餐里也有吊高汤（making stock）这样的基本功，只是西餐的高汤以清汤为主，分为蔬菜清汤、鱼清汤、鸡清汤、牛肉清汤等几种。

如果要汤变浓，有几种方式，一种是加入伯沙玫酱（见41页），一种是加入奶油，另外，杏仁碎末、淀粉、鸡蛋、面包渣等，也都是常见的浓稠方法。

本章给大家介绍几样我们家餐桌上常见的汤。西餐汤种类繁多，我手头仅一本做汤的食谱就罗列了400种汤，还没收全。很多汤的做法大同小异，掌握原理和基本步骤之后，大家可以任意发挥，拿什么原料都能做出美味的汤来。

本章的很多汤都适合6个月添加辅食后的小婴儿吃，尤其那些用搅拌棒搅成糊糊的汤。如果你喜欢吃西餐的汤，我推荐你买一只能在锅里直接搅拌食品的电动搅拌棒，网上可以搜到销售信息。如果实在买不到搅拌棒，把汤料倒入搅拌机搅碎也可以，只是事后清洗起来比较麻烦。

1. 南瓜汤 Pumpkin Soup

南瓜汤恐怕是英语国家最盛行最受欢迎的汤之一，尤其深受孩子们喜爱。这一款汤从小宝宝添加辅食伊始就可以做来吃。因为南瓜是秋天丰收，感恩节和圣诞节大餐上必少不了南瓜汤的身影。我们全家都酷爱南瓜汤，而且自己做的浓，味道好，不像有些餐馆供应的那么稀。

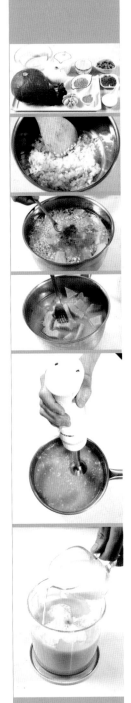

原料

- 1000克小金瓜（最好不要用普通的大南瓜），去皮去子，切成1寸半大块
- 2只洋葱，切碎
- 2瓣大蒜，拍碎
- 750毫升水（或清汤）
- 30毫升橄榄油
- 5克咖喱粉（见240页）
- 5克撮豆蔻粉
- 250毫升牛奶或一大勺奶油（如果给1岁以内的婴儿吃，可省略，以免引起过敏）
- 50克法香，或香韭（chives），西餐配汤干面包丁（见239页）
- 适量盐和胡椒

做法

1）不锈钢大汤锅中火坐热，加橄榄油，下洋葱末和蒜末翻炒5分钟。

2）放入南瓜块、水（肉汤）、调料，以水几乎漫过南瓜为止，水不要多，否则太稀。浓了没有关系，可以加水或牛奶调和。

3）煮5—10分钟，南瓜将将软，用叉子捅一捅，没有硬心即可。注意不要煮过头，否则会失去应有的质地和口感。

4）先用土豆泥戳子将南瓜捣烂，再用电动搅拌棒将汤搅成均匀的糊糊状。

5）用牛奶或开水将汤稀释成自己喜爱的浓度，加盐、胡椒，吃时撒上法香末和面包丁。

备注

有些菜谱在这款汤里加入胡萝卜和土豆，读者可以根据个人喜爱调整主料内容。调料方面，如果喜欢姜味的，可以用姜来取代蒜，也可以省略咖喱味道的调料。

2.韭葱土豆浓汤
Leek and Potato Soup

韭葱（leek）是西方特产，据说最早记录见于古埃及和古希腊，深受罗马人喜爱，因其富于保护血管的黄酮类和多酚类物质，并含有丰富的叶酸，而被奉为"超级食品"并广泛传播。进入英国后，在土壤肥沃、气候多雨的威尔士扎下根来。公元633年，撒克逊人入侵威尔士，国王卡德瓦拉德接受僧侣大卫的建议，让所有的士兵在头盔上戴一根韭葱来识别自己人。战争胜利后，大卫被封为圣徒，韭葱也成为威尔士人的标志。爱尔兰人和苏格兰人亦偏爱葱韭，各自的圣徒节日也都用韭葱作为庆典用品之一。

国内一般找不到韭葱，但因其长相和品性类似中国北方大葱，我在北京做这款汤，就用大葱来替代。因为土豆淀粉含量高，我还加入了芹菜。读者可以自行改良，在汤里加入其他蔬菜。这款汤简单易做，热着吃很美味，夏天还可以存入冰箱，当做凉汤吃。

原料

- 1000克土豆，去皮切厚片或小滚刀块
- 2根韭葱，对半剖开洗净，切片；或者2根大葱，切圆片
- 300克西芹，切丁
- 30毫升橄榄油或者黄油
- 500毫升开水或者清汤
- 适量牛奶、法香末、盐和胡椒

做法

1）不锈钢大汤锅中火坐热，加橄榄油或中火融化黄油，下韭葱片和西芹丁翻炒10分钟。

2）下土豆片/块，略事翻炒。

3）倒入开水或清汤，开锅后转中小火，盖上锅盖，焖煮10分钟，或至土豆煮熟。

4）关火，用手持搅拌棒将原料搅拌好，如果太浓，可以加入牛奶兑成合意的浓度。

5）撒入盐和胡椒，吃时可拌入法香末。

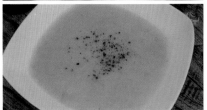

菜品步骤制作、摄影：小巫

3.各式蔬菜浓汤
Creamy Vegetable Soups

这道菜谱的标题是"各式蔬菜浓汤",因为做法可以引申到很多种蔬菜,大家举一反三,可以任意发挥,改变主料的内容,以及调料的搭配。西餐馆菜单上往往标注"奶油"某某汤,其实就是做成类似上文南瓜汤或韭葱土豆浓汤那样糊糊状(purée),老少咸宜,虽然有"奶油"二字,我们在家里制作,倒也不必加牛奶或者奶油,尤其是给周岁以内的小宝宝吃,乳制品容易引起过敏,最好省略。

这种汤的做法可以当作一种指南(范例见后文"胡萝卜香菜汤"),以此法为基准,用以烹调各类蔬菜浓汤。大致步骤如下:

1)不锈钢大汤锅中火坐热,加橄榄油,下洋葱末(及蒜末)翻炒5分钟左右;

2)倒入主料、开水或清汤,加入调味料,焖煮一些时间;

3)关火,用电动搅拌棒将汤搅拌成均匀的糊状;

4)撒上新鲜香草、盐和研磨胡椒。

大家可以根据蔬菜的特性和个人的口味,加入不同的调料与香草。比如,虽然萝卜土豆汤用莳萝调味最佳,在找不到新鲜莳萝的地区或季节,可以用香菜、香韭、香葱或者法香代替。其实大部分汤配上一些法香都很好吃。

蔬菜既可以单独做主料,如西蓝花、花椰菜、西葫芦、洋蓟心、灯笼椒、番茄、菠菜、芹菜、豌豆、土豆、芦笋,等等,也可以混搭起来做,比如西蓝花和花椰菜一起做,芹菜汤里最好配上一些土豆,以免质地过于粗纤维,口感不够滑腻。我建议大家发挥自己的聪明才智,各式各样的原料互相搭配起来试一试,创造自己最喜爱的汤谱。

28

（此图来源图库）

以下是一些搭配方面的建议

● 用胡萝卜做主料，或搭配姜，或搭配香菜，或搭配橙汁与橙子皮，都各是一款美味的汤。做胡萝卜汤，最好撒一些豆蔻粉，也可以加入土豆或者芹菜。

● 土豆淀粉含量高，可以让纤维类蔬菜汤变得浓稠。

● 红菜头浓汤中，除了用西芹和蘑菇这样的蔬菜之外，还可以搭配半只苹果，并用柠檬汁、孜然粉和迷迭香来调味。

● 番茄汤的绝配香草是罗勒。

● 洋蓟心配藏红花。

● 菠菜配椰奶。

● 用灯笼椒（北方叫柿子椒，或曰彩椒）做汤，需要先烤熟主料，汤里最好配上一些番茄，调味用迷迭香。

● 西蓝花汤里可以搅入50克的自制大杏仁末。

● 花椰菜汤里可以搅入50克的自制核桃仁末。

（以上两样不要给对坚果过敏的孩子吃。自制坚果末：将坚果在平底锅里略烤一烤，而后用擀面杖碾碎即可。）

3a. 胡萝卜香菜汤 Carrot and Coriander Soup

原料

● 500克胡萝卜，去皮切丁

● 1只洋葱，切碎

● 2根西芹梗，切碎

● 1只土豆，去皮切丁

● 15毫升橄榄油

● 15克香菜籽粉

● 15克新鲜香菜，切碎

● 1000毫升蔬菜汤底，或开水

● 100毫升牛奶（可省略）

● 盐和胡椒适量

做法

1）不锈钢大汤锅中火坐热，加橄榄油，下洋葱末，小火翻炒5分钟左右，注意不要炒糊。

2）下土豆丁和一半的芹菜末，翻炒5分钟。

3）下胡萝卜丁，继续小火翻炒5分钟。

4）盖盖，弱火焖10分钟左右，偶尔摇动一下锅，以免蔬菜糊底。

5）加入蔬菜汤底或者开水，开锅后转小火煮10分钟左右，至土豆和胡萝卜煮软。

6）另取一只小锅热油，下香菜籽粉翻炒1分钟，注意频繁搅动，不要糊锅。

7）小锅转小火，下香菜末和另一半芹菜末，翻炒1分钟后关火。

8）用食品搅拌棒把汤搅拌成糊状，加入牛奶和炒好的香菜调料，撒入盐和胡椒。

4.豌豆浓汤
Split Pea Soup

有一首著名的英文儿歌，据说源自1765年，英语国家人人会唱：Pease porridge hot, pease porridge cold, pease porridge in the pot, nine days old!（豌豆粥热，豌豆粥凉，豌豆粥在锅里，九天长！）西方人种植豌豆的历史可以追溯到古希腊时期，据说公元前500年的雅典大街上，就有卖豌豆汤的。不过从前的人们都是吃成熟后作为粮食储存的干豌豆，而且由于其便于储存，富有营养同时还很顶饱，豌豆也曾经被视为穷人的主食。吃新鲜豌豆还是比较后期的事情了。

豌豆浓汤是西餐里流行很广的热汤之一，做法也有多种。美国流行的做法是加入火腿或培根等肉类，也会放入胡萝卜等蔬菜；用的豌豆品种则决定了汤的颜色是偏黄还是偏绿。

原料

- 500克干豌豆，洗净
- 1只洋葱，切碎
- 2瓣大蒜，拍碎
- 2根胡萝卜，切丁
- 2只土豆，切丁
- 2根西芹梗，切丁
- 15毫升橄榄油
- 1个调料包，内装1片肉桂叶，牛至粉、墨角兰粉、迷迭香粉各3克
- 1000毫升鸡汤或清水
- 盐和研磨胡椒适量

做法

1）不锈钢大汤锅中火坐热，加橄榄油，下洋葱末和蒜末翻炒10分钟。

2）下胡萝卜丁、土豆丁、西芹丁翻炒5分钟左右。

3）倒入鸡汤或者清水以及豌豆，煮沸后转小火，撇去表面浮沫，半盖盖焖煮1.5个小时左右，至豌豆煮烂。

4）关火后，用电动搅拌棒将汤搅拌成糊状，撒入盐和胡椒粉。

备注

美国的正宗做法是用一整根圣诞火腿骨，连豌豆和所有蔬菜以及配料加入水煮1.5个小时。但一般中国人不像西方那样腌制圣诞火腿，可以用炒菜的方式来给这款汤调味。

5.番茄浓汤
Tomato Soup

我第一次吃到番茄汤是在20世纪80年代中期，来北京出差的美国朋友请我在一家五星级大饭店西餐厅里吃饭。当时觉得这款汤虽然用料极为简单，却十分美味，回家后试着给爸爸妈妈复制出来。可惜当年不知道西餐的浓汤是如何变浓的，还以为是用芡粉勾兑的，味道差远了。

番茄浓汤也是西餐里最常见的汤之一，也有各种做法，后文的西班牙凉汤即是一种。

原料

● 1500克新鲜番茄，去皮切碎

● 1只洋葱，切碎

● 2瓣大蒜，拍碎

● 15毫升橄榄油

● 15克新鲜罗勒，切碎

● 盐和胡椒适量

做法

1）不锈钢大汤锅中火坐热，加橄榄油，下洋葱末和蒜末翻炒10分钟。

2）下番茄碎翻炒，转小火炖25—30分钟。

3）关火，用电动搅拌棒将汤搅拌均匀。

4）撒入盐和胡椒，拌入罗勒碎叶。

6.希波克拉底汤
Hippocratic Soup

这一款汤据说是西医鼻祖古希腊的希波克拉底发明的，具备排毒和治疗的功能，另类治疗癌症的格森疗法（Gerson Therapy）将这款汤列入癌症病人每天必吃的食疗菜谱当中。我是在格森疗法的书里看到的，试着做了做，味道很美，全家都爱吃。

原料

● 4根西芹梗（最佳原料是1整条西芹根）

● 1根韭葱（leek，在中国很少见，可以用洋葱代替）

● 2只紫皮洋葱

● 1000克番茄

● 500克土豆

● 50克法香

● 新鲜的迷迭香、百里香、苦牛至、罗勒少许

做法

1）所有蔬菜洗净，切成1寸大小的丁。最好是有机蔬菜，因为不要去皮。

2）将蔬菜丁放进一个大锅里，加水，刚好漫过蔬菜为止。

3）烧开后，马上转为小火，慢慢炖上两个小时，直到蔬菜炖软。

4）如果是给癌症病人吃，需要过滤掉汤里的蔬菜纤维，仅留纯汤，也不要加入香草。如果是健康人吃，那么用电动搅拌棒在锅里将原料搅拌碎就可以了。

5）撒入自己喜爱的新鲜香草，不要放盐，芹菜和番茄都是含有天然盐分的蔬菜，这款汤自身带有咸味。

7.阿拉伯小扁豆汤
Lentil Soup

　　小扁豆是中东菜的重头原料之一，走进任何一家中东餐厅，小扁豆汤都是菜单上必不可少的一味菜。当然，不同地区的做法略有不同。不管是土耳其人做的小扁豆汤，还是以色列人做的小扁豆汤，味道肯定有差异。这里介绍比较流行的做法。

原料

● 250克干小扁豆

● 50毫升初榨橄榄油

● 3条培根，或者3片火腿，切丁（素食者略）

● 1只洋葱，切碎

● 2瓣蒜，拍碎

● 2根西芹梗，切细丁

- 2根胡萝卜，切细丁
- 500克番茄，去皮切碎
- 1500毫升水，或者清汤
- 2片肉桂叶（bay leaf）
- 2根新鲜百里香，切碎
- 适量盐和胡椒

做法

1）干小扁豆用清水泡至少两个小时。建议泡过夜，并且加入几滴白醋，以消除豆类里的肌醇，有助于我们吸收营养。

2）不锈钢大汤锅中火坐热，加橄榄油，下洋葱末和蒜末翻炒5分钟。如果用培根，则可先煎培根，后炒菜。

3）倒入芹菜丁、胡萝卜丁、小扁豆、百里香末、肉桂叶，翻炒1分钟。

4）倒入番茄丁和水（或者清汤），大火烧开，转小火，半开盖煮1小时，或至小扁豆煮熟。

5）关火后，将香叶取出，撒入盐和胡椒。喜欢酸奶油的，可以拌着吃，也可以加入一些白醋来吃。

8. 罗宋汤 Borscht

　　罗宋汤起源于俄罗斯和乌克兰，原文是Борщ，发"波什"音，英语音译为Borscht。中文之所以叫"罗宋"，据说是旧时上海话对英语Russian的音译。将这款汤称为俄罗斯国汤都不过分，因为它是俄罗斯菜系里最重要的汤，曾经辉煌地出现在国宴上。这款汤不仅在俄罗斯和乌克兰等地盛行，在其他东欧国家如波兰等地也十分常见。

　　正宗的罗宋汤是以红菜头（beetroot）为主料，最简单的罗宋汤也就是红菜头汤，除了盐、胡椒、醋等调味品之外，没有其他菜料。但是不知为何，在中国流行的罗宋汤菜谱，主料却变成了牛肉（也有用鸡肉或猪肉的）、番茄、土豆、圆白菜、胡萝卜等等，要说称为"杂菜肉汤"倒恰如其分。记得小时候，冬季蔬菜贫乏，偶尔尝鲜的美味就是这杂菜肉汤，冬天买不到新鲜番茄，全靠夏末全家总动员，用葡萄糖瓶子蒸出来的、密封在床底下的番茄酱。

　　"有多少俄国人，就有多少罗宋汤的做法。"美国出版的厨房圣经《烹调的乐趣》（The Joy of Cooking）这样说。遍查我手边的各类菜谱，的确手法不一，然而，红菜头作为此汤主料，的确是雷打不动的事实。

　　我有一闺蜜，在北京郊区买了一块地，盖了十来间大瓦房，平时周末我们几家人经常带着孩子去她那里，春耕夏播秋收，烧烤聚餐派对，大家一起张罗，还时不时能品尝到她家的有机蔬菜。一天，我们又在她家聚会，商议晚饭做什么，闺蜜说有炖好的一锅牛肉汤，有一些菜，还有园子里新摘下来的红菜头，但谁都不知道怎么做，于是我自告奋勇做了一锅罗宋汤。那天晏晏正好也在，汤做好之后小姑娘闻着香味儿跑过来要吃的，我给她盛了一碗，她全喝光了，我又给她盛了一碗，她又喝光了，红色的汤汁顺着她的嘴流下来，猛看上去像血一样。晏晏是如此地爱喝我做的这锅汤，连爸爸叫她去长途汽车站接妈妈都叫不动！

原料

- 1000克红菜头，去皮，切丁
- 2根胡萝卜，去皮，切丁
- 2根西芹梗，切丁
- 2只洋葱，切碎
- 2瓣大蒜，切末
- 1/4棵圆白菜，切丝
- 4只番茄，去皮切丁
- 40克黄油
- 1片肉桂叶
- 2粒丁香
- 4粒胡椒
- 1500毫升牛肉清汤
- 适量盐、研磨胡椒、新鲜香草
- 100克酸奶油（sour cream）

做法

1）不锈钢大汤锅中火坐热，将黄油融化，下洋葱末翻炒5分钟。

2）倒入红菜头丁、胡萝卜丁、芹菜丁，翻炒5分钟。

3）下蒜末、番茄丁，翻炒2分钟。

4）将肉桂叶、丁香粒、胡椒粒包在一块纱布里系好（或者放入密封茶漏里），和肉汤一起加入锅里。煮开后转小火，焖煮30分钟左右，视菜料是否已软为妥。

5）下圆白菜，继续煮15分钟。

6）关火后，取出调料包。吃的时候拌入酸奶油，撒上新鲜香草。

备注

1）番茄可以用柠檬汁或者西餐醋代替。

2）素食者可用橄榄油代替黄油，开水代替肉汤。更健康，同时也很正宗的做法，则无需炒菜，而是将菜料（红菜头、胡萝卜、洋葱）用少许开水煮开，焖煮20—30分钟之后，加入肉汤、圆白菜和番茄（或醋），继续煮15分钟之后起锅。

3）菜料不一定切丁，也可以切成细条，洋葱则切丝，以配合外观。

9.意大利什菜汤
Minestrone

　　跟罗宋汤一样，这款什菜汤可以称为意大利的国汤，因为它最流行最有代表性，几乎每家意大利餐厅的菜单上都有它的身影。而且它的做法并不统一，也属于"有多少意大利人，就有多少什菜汤的做法"。

　　意大利人吃汤跟中国人喝汤不一样，他们的汤碗里几乎看不见液体，都是菜料，所以也有人说意大利人不喝汤，他们的汤跟一道菜差不多。

　　什菜汤的原料也并非固定，而是看当季有什么新鲜蔬菜，可以任意搭配。主料是豆子、胡萝卜、芹菜、洋葱、番茄、土豆，根据季节还可以加入灯笼椒、欧式西葫芦（外皮深绿色形状像中国黄瓜那种）、茄子、豌豆等。据说最原始的菜料里不包含番茄和土豆，16世纪中叶这两种蔬菜流传到意大利，这款汤的主料也起了变化。有些正宗意大利厨师做这款汤的时候依然不放番茄和土豆。

　　这款汤可荤可素，爱吃肉的人可以用肉汤打底，也可以加入成块的肉、香肠或排骨；素食者则可以享受各类蔬菜。另外，传统并正宗的做法之一还包括通心粉或者大米，使得这款汤菜、肉、主食齐全，做上这么一大锅汤，全家人都能吃饱。

原料

● 150克红腰豆，浸泡并煮熟

● 150克小扁豆或鹰嘴豆，浸泡并煮熟

● 2根洋葱，切碎

● 2只胡萝卜，切丁

● 2根西芹梗，切丁

● 2根欧式西葫芦，切圆片

● 3只番茄，切丁

● 其他应季蔬菜

● 45毫升橄榄油

● 2000毫升水或清汤

● 2瓣大蒜，拍碎

● 250克短通心粉

● 5克干罗勒末

● 15克法香，切碎

● 适量盐、胡椒、帕玛臣奶酪粉

做法

1）豆子浸泡足够的时间，并单独煮熟。如果没有时间烹调豆子，则可以用罐装豆子，在第4步时跟水或清汤一起下锅煮。

2）不锈钢大汤锅中火坐热，加橄榄油，下洋葱和蒜末翻炒2分钟。

3）下其他菜料翻炒2分钟。番茄和豌豆除外，如

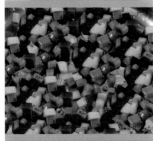

果加入这两样蔬菜，则等菜料炒好之后，将锅端离炉火再加入，搅拌均匀。

4）倒入水或清汤，以及煮熟的豆子，撒入干罗勒和法香末。

5）大火烧开后，转小火焖煮30分钟。

6）下通心粉，再煮10分钟左右，或视通心粉包装说明的烹调时间而定。

7）关火后，撒上盐、胡椒，吃的时候撒上帕玛臣奶酪粉。

备注

如果菜料包括土豆，煮出来的汤可能会有些浓稠，再加上通心粉，则可能使得整个汤里淀粉偏多，味道不够鲜美。建议单独煮通心粉，并视当时需要多少而定，吃的时候再将汤与面在各自的汤碗里混合起来。这样做，如果汤剩下了，也不会因为含有面条而涨得一塌糊涂，带着烂面条的剩汤只能倒了，但是如果只是蔬菜汤，还能保留起来。

10.奶油蘑菇汤
Cream of Mushroom Soup

奶油蘑菇汤的做法与其他可加奶油的蔬菜浓汤做法有些不同，这里单独介绍。奶油蘑菇汤的做法也有不同类型，有的做法让汤很滑腻，有的做法则保留蘑菇颗粒，吃上去更有质感。

原料

- 500克白蘑菇，切薄片
- 1只小洋葱，切碎
- 1根西芹梗，切碎
- 15克法香，切碎
- 30毫升橄榄油
- 30克黄油
- 15克面粉
- 450毫升水或清汤
- 450毫升牛奶
- 30毫升奶油（可省略）
- 5克豆蔻粉
- 5克细红椒粉（paprika）
- 适量盐和研磨胡椒
- 点缀新鲜香草，推荐法香、香韭或罗勒

后将菜料与菜汁分离，菜料在食品搅拌机里搅碎。另外单独准备好白酱（white sauce or béchamel，伯沙玫酱，见备注），将刚才烹调的菜汁以及牛奶慢慢地倒入，边倒边搅拌均匀，逐渐到沸腾状态。而后将打碎的菜料加入汤里，小火热，不要煮沸。

5）撒入豆蔻粉和红椒粉，盐和胡椒。吃的时候点缀新鲜香草。

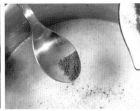

做法

1）不锈钢大汤锅中火坐热，加橄榄油并融化黄油，下洋葱末、蘑菇片、西芹梗末、法香末翻炒2分钟。

2）转小火，盖上锅盖，焖烧15分钟，偶尔翻炒一下。

3）如果想要口感滑腻的汤，这时把面粉调进牛奶里，慢慢倒入锅里，再倒入水或清汤，搅拌均匀。开锅后转小火焖煮15分钟，关火后用搅拌棒将菜料在锅里打碎、搅匀。

4）如果想要蘑菇颗粒比较粗的汤，则第2步

备注

一、白酱（伯沙玫酱）做法（可做出大约200毫升酱）：

1）小火融化30克黄油。

2）加入15克面粉，用5分钟来搅拌均匀。

3）慢慢搅入250毫升牛奶。

4）放入一片肉桂叶，慢慢搅动10—20分钟，直至酱汁浓稠。推荐用木勺或者打蛋器。

二、可以另外用黄油或橄榄油炒一些蘑菇片，喝汤的时候拌进去，使得汤料更足。

11.三文鱼骨豆腐味噌汤
Miso Soup with Salmon Bones and Toufu

无论是大型超市，还是大型农贸市场，都可以买到剔除了整肉的三文鱼骨。如果是农贸市场，鱼骨是带着尾巴的一整条脊椎，超市则会把这根脊椎切成几块，装进盒子里，包上保鲜膜来卖。说是骨头，上边的肉也不少呢。

这道极其简单却又无比鲜美的汤是我的原创，自儿子出生以来，在我们家已经有了十多年的传统，每位在我们家长期工作过的阿姨都会做这款汤。

原料

- 250克三文鱼骨，切块
- 500克卤水豆腐，切1寸四方块
- 1000—1500毫升水
- 50克日本大酱（味噌）
- 20克鲜姜，切片
- 20克香葱，切碎

做法

1）用一只沙锅，将三文鱼骨、姜片和水烧开，转小火煮5—10分钟。也有人喜欢将三文鱼骨在炒锅里先用油煎一下再煮。三文鱼本身油性比较大，所以注意不要做得太过油腻。

2）下豆腐块，烧开后，中火煮5—10分钟。

3）将味噌放在一只碗里，倒入两大汤勺的三文鱼汤，搅拌均匀后，倒入已经关火的汤锅，再将汤搅拌均匀。注意味噌不能煮沸，所以最好关火之后倒入。

4）吃的时候撒一些香葱末调味。

12.传统西餐鸡汤
Chicken Soup

前些年从美国那边流传过来并在中国这边盛行过"心灵鸡汤"类的书籍，一时间，大家熟悉了鸡汤治病这个西方概念。的确，就像中国有面汤窝鸡蛋的病号饭一样，美国人坚信鸡汤对感冒等常见小毛病有着奇特的疗效，甚至有科学家研究证明过鸡汤可以起到缓解炎症的功用。假如你亲密的朋友因染微恙在家休息，你能为他做的最美好动人的事情就是捧一罐鸡汤过去看望他。还有人相信鸡汤能舒缓压力，心情郁闷的时候，来一碗热热的鸡汤，保证你能振奋起来。

关于鸡汤的疗效，百度搜索有这样一段话：虽然鸡汤不是治疗感冒的药物，但是它能缓解感冒的症状以及改善人体的免疫机能。这是因为鸡汤能够有效地抑制人体内的炎症以及黏液的过量产生，有助于减少鼻腔的堵塞和喉咙的疼痛感，咳嗽的次数也会相对减少。所以，在战胜感冒和流感过程中，鸡汤是一种积极的"非正规军"。在冬季这种比较敏感的时期，多喝些鸡汤对健康的人来讲有助于提高自身免疫能力，将流感病毒拒之门外，而对于那些已被流感病毒俘虏的患者来讲，则有利于抑制因感冒引起的炎症和黏液的大量产生，从而减轻感冒带来的痛苦。

传统的西餐鸡汤做法，有些类似中餐的煲汤，需要花一些时间慢慢熬好。吃的时候，则以鸡汤做底，加入蔬菜和谷类，最常见的谷类为面条、大米、大麦（barley）。在美国的家常菜馆，可以见到菜单上列着Chicken Noodle（鸡汤面条）、Chicken Rice（鸡汤米饭）或者Chicken Barley（鸡汤大麦）这样的汤类。

（此图来源图库）

A.汤底部分

原料

- 2000克整鸡，为烹调做过处理
- 1只洋葱，剖半
- 2根胡萝卜，竖剖半
- 6根西芹梗，撕成粗条
- 100克芹菜叶子
- 2瓣大蒜，切末
- 1片肉桂叶
- 5克迷迭香
- 5克牛至粉
- 10颗胡椒粒
- 2500毫升水

做法

1）将以上所有原料放进一只大汤锅，中火慢慢煮开，仔细去除浮沫。

2）转微火，继续煲上至少2个小时。煲汤过程中，水面只需要微微浮动即可，不要滚开，否则汤不再清澈，会变浊。

3）鸡肉煮熟后，把鸡取出来，剔除鸡肉，可以留作其他中餐菜的原料，也可以做鸡肉沙拉或者鸡肉三明治的原料。

4）将鸡骨架放回汤锅，继续煮30分钟到1个小时。

5）关火并冷却后，将汤放入冰箱过夜。汤会凝固成胶状，去除浮头的脂肪层。如果做得多，可以冷冻一部分。

（此图来源图库）

B.鸡汤面条部分

原料

- 1只洋葱，切碎
- 1根胡萝卜，切丁
- 1根西芹梗，切丁
- 1只土豆，切丁
- 150克曲通粉（macaroni）
- 1500毫升鸡清汤
- 适量盐和研磨胡椒，切碎的法香等做点缀

做法

1）鸡汤煮开，下洋葱末、胡萝卜丁、西芹丁、土豆丁和曲通粉，煮10分钟。

2）可以加入烹调好的鸡肉丁。吃的时候加入盐、胡椒等调料。

备注

这里还要特别写一笔，犹太人在这款传统鸡汤里加入matzo balls，就是犹太人逾越节特制的无酵面饼（matza bread），碾碎后和入鸡油（鸡汤表层刮下来即可）、鸡蛋、食用油或者植物黄油、盐、水，揉成小丸子，在鸡汤里煮熟。这款Matzo Ball Soup，是犹太菜肴的代表作，犹太人也认为它对感冒等症状有疗效，称之为"犹太人的青霉素"。我在美国尤其是纽约居住时，有很多犹太人同事和朋友，这款汤就是一个以色列小伙子介绍给我的，他带我去一家犹太餐馆，点了这款汤。端上来时他闭上眼睛闻着汤碗上方的蒸汽，陶醉地说："让我想起了奶奶做的饭，好想家啊！"本来想在书里介绍它的做法，但是因为无酵面饼不好买到，尤其是kosher（合乎犹太教规的）成分更是无处可寻，所以取消了这个计划，而是向读者简单介绍一下，如果你们去犹太餐馆吃饭，不妨点上这款汤尝一下。当年我还没有吃素，记忆中它很美味的。

13.西班牙番茄凉汤
Gazpacho

中餐的汤一般都是热汤，因为中国传统养生学不主张吃凉东西。不过，西餐的凉汤却很盛行，尤其当作夏季消暑食品，喝着冰镇白葡萄酒，吃上一碗浓稠的凉汤，就着烤面包片，就是一顿清爽而舒适的午餐了。

这款西班牙番茄凉汤是西班牙菜的代表作之一，对于很多熟悉它的人来说，称之为西班牙国汤也不为过。它来自西班牙南部的安达露齐亚，最原始的汤料并非番茄，而是从阿拉伯人的一种汤变异过来，以面包、橄榄油、盐、醋、蒜、水等为主料，在木碗里压碎搅拌，原先是劳作于农场、葡萄园和橄榄园的工人的穷人食品，汤名gazpacho的词根含有"渣滓、碎片"的意思。15世纪末，番茄从美洲传到欧洲后，这款汤的主料起了重大变化。

Gazpacho汤有很多不同的做法，基本原料是番茄、黄瓜、灯笼椒、面包干、橄榄油和大蒜。也可以加入其他新鲜蔬菜，它的随意之处在于可以打扫完家里现有的蔬菜和面包。

原料

- 2片前一天剩下的面包，切丁
- 600毫升冰镇凉开水
- 1000克番茄，去皮切碎
- 2根黄瓜，切细丁
- 1只灯笼椒（红黄绿皆可），去籽切细丁
- 2瓣大蒜，拍碎
- 2只柠檬，榨汁
- 30毫升橄榄油
- 适量辣椒末或者Tabasco辣椒汁（可省略）
- 适量盐和胡椒，法香或罗勒切碎做点缀

做法

1）将面包块放进一只大碗里，倒入150毫升冰镇凉开水，浸泡5分钟。

2）将泡好的面包、绝大部分切好的蔬菜细丁、大蒜、柠檬汁、橄榄油和余下的450毫升水，放进食品搅拌器，搅拌均匀。余下的蔬菜细丁不要混在一起，各自装在一只小碟子里备用。

3）撒入盐和胡椒，放进冰箱冰镇3个小时。

4）吃的时候，每碗汤里可以再放一两块食用冰块，撒上法香末或罗勒末，并且将预留的蔬菜细丁各取一小撮搅拌进去，使得汤更有脆脆的嚼头。如果想要更加强烈的口感，则可以加入辣椒末或者辣椒汁。

备注

1）这款汤还可以搭配西餐汤里常见的配汤面包丁，做法是将剩下的面包涂抹上大蒜汁和橄榄油，切丁，可以在平底锅里煎熟，也可以在烤箱里烤透，晾凉后食用。

2）北京三里屯"那里"楼区有一家西班牙餐厅，这几年是我们家经常带朋友光顾的地方。他们家做的这款凉汤，十分美味。餐馆老板是安达露其亚人，他跟我们聊天时，叮嘱我们做这款汤的秘诀在于——一定不要放洋葱！（大部分餐馆做这道汤时都加洋葱的。）

14.法国洋葱汤
French Onion Soup

但凡吃过西餐的读者恐怕都至少听说过（如果没有亲口吃过的话）法国洋葱汤。这款汤历史悠久，现代版本也要追溯到18世纪的法国。原先曾经是巴黎市中心Les Halles集市搬运工人的传统早餐，也算是穷人食品。上世纪60年代，法国烹调在美国开始走红，于是法国洋葱汤也跟着在美国流行起来。

原料

- 30克黄油
- 20毫升橄榄油
- 2000克黄皮洋葱，去皮切丝
- 5克新鲜百里香，切碎
- 5克白砂糖
- 15毫升西餐用醋
- 1500毫升牛肉清汤（可用鸡清汤或鸭清汤）
- 25克面粉
- 150毫升白葡萄酒
- 50毫升雪莉酒（或干邑白兰地）
- 适量盐和胡椒
- 1根法棍面包，切厚片
- 2瓣大蒜，剖半
- 15毫升法国芥末酱
- 120克古老爷（Gruyere）奶酪，礤丝

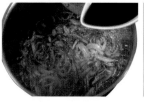

做法

1）不锈钢大汤锅中火坐热，加橄榄油并融化黄油，下洋葱丝翻炒。盖上锅盖焖炒5—8分钟，偶尔翻炒一下，直至洋葱炒软。下百里香末。

2）转微火，盖上锅盖，烹调20—30分钟，注意翻炒避免糊锅，直至洋葱极软，呈金黄色。

3）打开锅盖，略调高火。搅入白砂糖，继续烹调5—10分钟，直至洋葱开始变成棕色。

4）下西餐用醋，继续烹调20分钟左右，直至洋葱糖化（caramelized），变成闪亮的深棕色。

5）在另一只锅里，将牛肉清汤烧开。将面粉调入洋葱，翻炒2分钟左右。而后慢慢将牛肉清汤倒入，加入白葡萄酒和雪莉酒或白兰地，撒入盐和胡椒，小火煮10—15分钟。

6）将法棍面包片在150摄氏度的烤箱里烤20分钟，直至水分蒸发，略微变色。

7）用蒜瓣涂抹面包片，抹上芥末酱，一面撒上奶酪丝。

8）将汤盛入烤箱用碗，面包片浮于汤上，在250摄氏度烤箱里烤2—3分钟，至奶酪融化并带有局部棕色烤焦点，取出马上吃。

备注

1）这款汤最后步骤按照比较正宗的方式应该是汤在小盅里，面包片恰好和盅口一般大小，上边撒奶酪丝，在烤箱里烤出来的样子是融化的奶酪遮住了汤盅顶部。我们在家里做，不必如此考究，面包片浮在汤上即可。

2）素食者可用蔬菜清汤替代牛肉清汤。

15.古巴黑豆汤
Black Bean Soup

    多年前的一个夏季，我曾经在耶鲁大学所在城市纽黑文住过三个月，每天都去耶鲁大学校园里闲逛。坐落在主路Chapel Street上的一家非常有名的书店兼咖啡馆，叫"阁楼"（Atticus）。因它完美地结合了我的人生两大爱好——书籍和美食，我在那里流连的时间最长。印象最深刻的是它的招牌黑豆汤，满满一大碗又浓又黑的豆子汤，汤碗中间是一大团白色的酸奶油，配上自制的面包，几美元可以吃得饱饱的。

    黑豆是南美洲饮食最常见的原料之一，味道饱满，营养丰富，还是天然的抗氧化剂。我原来在新泽西州工作并居住，邻城Union City就是著名的"小古巴"镇，遍地都是古巴餐馆，几乎每家餐馆都提供黑豆汤或者黑豆浇饭。我曾经跟着朋友去品尝过，很好吃。

菜品制作、摄影：小巫

原料

- 500克干黑豆，冷水浸泡过夜（或者2—3只罐头黑豆，可即用）
- 30毫升橄榄油
- 1只洋葱，切碎
- 1根胡萝卜，切细丁
- 1只灯笼椒，切细丁
- 2根西芹梗，切细丁
- 2只番茄，切细丁
- 4瓣大蒜，拍碎
- 1只柠檬或者橙子
- 1片肉桂叶
- 5克孜然粉
- 5克红椒细粉（paprika或者cayenne）
- 50克酸奶油
- 适量盐和研磨胡椒

备注

1）黑豆汤可以配面包吃，也可以浇在米饭上吃。

2）上文煮好的汤，既可以按原样直接吃，也可以用电动搅拌棒搅拌成糊状再吃，还可以搅拌一半的汤，另外一半则是原样的汤，两种混合在一起，既有糊状，又有成形的豆子。

3）如果想省事，就在黑豆煮好后，直接将蔬菜和调料下入煮豆的锅，继续后边的烹调步骤，不必单独炒。

做法

1）黑豆单独煮熟，需要煮2—3个小时，放1片肉桂叶。

2）不锈钢大汤锅中火坐热，加橄榄油，下大部分洋葱末（留一些备用）、蒜末、孜然粉和红椒细粉，翻炒3分钟。

3）下胡萝卜、灯笼椒、芹菜、番茄，翻炒3分钟。

4）倒入煮好的黑豆，按照自己对汤浓度的喜好加入煮黑豆的水，半开锅盖煮30—45分

钟，经常搅拌。

5）加入盐和胡椒，挤入柠檬汁或橙汁（也可以用西餐醋）。

6）吃的时候，每碗汤调入一些酸奶油，撒上一小撮生洋葱末。

16.玉米巢打汤
Corn Chowder

原料

- 1只洋葱，切碎
- 2根西芹梗，切细丁
- 2只土豆，去皮切丁
- 6根黏玉米，煮熟剥粒，玉米梗留用
- 30毫升橄榄油（或黄油）
- 1000毫升牛奶
- 盐和研磨胡椒适量

做法

1）不锈钢大汤锅中火坐热，加橄榄油，或融化黄油，下洋葱末和西芹丁翻炒10分钟。

2）下牛奶、土豆丁和玉米梗，待牛奶将近沸腾时，转小火炖煮，至土豆煮软。

3）取出玉米梗，下玉米粒，继续炖煮5分钟左右。

4）关火后，取出一半汤，剩下一半用电动搅拌棒搅拌成糊状，倒回另一半汤，搅拌均匀。撒入盐和胡椒即可。

（此图来源图库）

巢打类的汤非常实用，因为用料丰富，汤料浓稠，十分顶饱，配上点儿面包，直接就是一顿饭了。在美国生活期间，我偏爱新英格兰蛤蜊巢打汤。现在吃素了，就无法享受那款汤的美味了，因为巢打汤的汤底，是用培根调出来的，我吃了沾荤的东西，会闹肚子。

玉米巢打汤的传统做法，也是用培根煎出油来，再翻炒菜料。我这里略事修改，仅用橄榄油（也可以加入黄油），做成素食类。很多巢打汤的做法用大量奶油，我这里参考美国厨房圣经《烹调的乐趣》，用牛奶代替奶油。

第三章　三明治
Sandwiches

　　2007年7月，我带着4岁的女儿去美国芝加哥参加国际母乳会50周年大会，会后我俩和几个朋友一起飞到华盛顿，我的美国好友前来机场把我们接到他家。进门已经时过正午，我们都没吃午饭。美国朋友说叫一些外卖吧，我说不必了，这些天吃外边的饭吃腻了，我想吃家里的饭。因我在他家住过多次，对他家很熟，就翻开橱柜冰箱，搜罗了一堆可以做三明治的原料，给每个人做了一大份三明治。美国朋友吃着，诧异着，说："你这三明治怎么这么好吃？我原来都不知道三明治可以如此美味呢！"

　　这下轮到我奇怪了：三明治本来就很好吃啊！只是可能很多地方卖的三明治都没有用心好好做，大家认为这是没有技术含量的东西，随便两片面包夹上一些肉片和奶酪片就行了。其实态度认真一些，三明治可以做到既便捷，又不失美味。

1.美味三明治
Gourmet Sandwich

三明治要做好吃了，原料的挑选很重要。首先是面包，好面包给三明治增色增味，差面包使得三明治味同嚼蜡。我的原则是全谷类、多样化。全谷类的面包有嚼头、味道美、口感好、营养多。多样化指的是不必拘泥于传统形式的面包片，像披塔饼、法棍、汉堡坯、帕尼尼面包等都是做三明治的上好原料。

前边说过，国内超市流行的面包实在差强人意，口味偏甜腻偏松软，没什么吃头。这些年在大城市买到好面包已经不那么困难了，当然也是良莠不齐，就是在北京，买到真正好面包的去处还是屈指可数，很多著名连锁店的面包仍然遵从甜软的原则。如果你所在的城市没有好的面包坊，不妨去五星级饭店的西餐厅问一问他们是否有自制的面包，那里的比较靠谱一些。好面包的外壳比较硬，最有嚼头，吃不惯的人会不喜欢它，而喜欢它的人会抢着吃靠最外层的那一片。我们家两个孩子都最爱吃面包切下来的第一片，大部分是外壳，很经嚼，很好吃。烤过后那部分则是脆的，更香。

面包找好了，下一步要关注的是面包里夹的肉或者其他原料，肉类有切片火腿、切片牛肉、火鸡胸、鸡胸肉、萨拉米等等，鱼类有烟熏三文鱼、金枪鱼沙拉、罐头沙丁鱼等。最好的肉不是超市卖的那种密封在口袋里的方片火腿，而是类似国外Delicatessen（或简称Deli）熟食店里卖的，成块的熏肉或者腌肉，你要多少片，他给你现切多少片，按分量算账。

配合着肉的，是奶酪。一般来说，夹肉三明治最好有一两片奶酪做陪衬，夹鱼三明治则可以省略奶酪，以免味道不合，奶酪也可以单独唱三明治中间的主角。夹肉三明治所配的奶酪可以是硬奶酪，比如古老爷（Gruyere）、古达（Gouda）、车达（Cheddar）、罗马诺（Romano）、因曼特尔（Immental）、瑞士（Swiss），也可以是软奶酪，比如布里（Brie）、堪莫贝尔（Cammerbelle）。有些奶酪气味比较重，不适合夹在三明治里，三明治里的奶酪应当是配角，而不应该喧宾夺主。奶酪是成块按分量买回家，用专门切奶酪的划刀来划成片。

以上三样都挑选好了之后，要选择在面包上涂抹什么酱来配主料。传统的"涂料"包括黄油、蛋黄酱（mayonnaise）、调味番茄酱（ketchup）等，吃火腿和牛肉最好配一些芥末酱，酵母酱因为气味和口味都很重，甚至可以单独抹到面包上，里边什么都不夹就当作三明治来吃。我们家则偏爱鳄梨，尤其配烟熏三文鱼，绝配非鳄梨莫属。其他传统配酱，因为不够健康，我们一般很少用。

最后需要挑选的，是夹在面包里的蔬菜。有了淀粉，有了肉类，有了奶酪，有了调味酱，如果没有蔬菜，这三明治则既缺少口味，又缺乏营养。常见的蔬菜包括生菜、番茄、黄瓜、洋葱、苜蓿芽（alfalfa sprouts）、腌黄瓜等等，根据个人喜好来搭配。

所以，做一款美味三明治，没有硬性的手续，关键之处在于选材。材料选好了，切两片面包，划两片奶酪，在面包上涂抹好鳄梨或者调味酱，夹上肉或鱼以及奶酪片，放上生菜、番茄片、黄瓜片、洋葱丝等等，面包合起来，中间横着或斜着切成两半，即大功告成。腌黄瓜可以切成片放进三明治里，也可以整条放在边上单吃。

三明治有冷食的，也有热食的。冷食的方便带去野餐，我们家除了严冬和酷暑，几乎每个周末都去爬山，有时就带上自制的三明治。孩子们上小学时，学校有时组织他们外出，需要自带午餐，早晨起来做好三明治放进口袋里，中午拿出来吃，不必担心冷热的问题。

热食的三明治也有很多种，最著名的包括烤奶酪三明治（Grilled Cheese Sandwich，见64页）、费城奶酪牛排三明治（Philadelphia Cheese Steak Sandwich，见后文"烤牛排"备注）、鲁本三明治（Reuben Sandwich）等等。

我儿子六年级转到北京城北一家国际学校，开始两年，因女儿仍在原来学校，我们继续住在那所学校附近，辛苦儿子每天早起赶校车。儿子心疼爹妈挣钱不易，第二学年开始每天自带午餐。到底省了几个钱不知，只知这下害得老妈每天6点多起床准备餐盒，因不便加热只能带三明治，每天面包和内瓤都不重样，老妈遂学会做多种三明治。几次儿子下午放学回家时饥肠辘辘，说是午餐分给同学一半，大家都说好吃，尤其BLT（培根生菜番茄）。老妈在同学心目中形象颇佳，三明治口碑很好。两年后女儿也转学过去，我们遂搬家到国际学校附近。本来以为这下可以每天中午送热食给他俩，但儿子坚持只要三明治，老妈仍然不能偷懒。而且往往需要做出两份来，一份儿子吃，另一份分给同学吃。

儿子带的三明治中，有几样是用沙拉做内瓤的，比如金枪鱼沙拉、鸡胸沙拉和鸡蛋沙拉，这几款做法放入"沙拉"章节中，本章不复赘述。

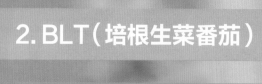

2. BLT（培根生菜番茄）

BLT是bacon, lettuce, tomato的英文缩写，即培根、生菜、番茄。这款三明治用料和制作都极简单，在美国却极盛行，受欢迎度仅次于火腿三明治。在儿子自带午餐菜单上，这款三明治亦拔头筹，只要做，必起码多做一份出来，拿给同学分。

原料

● 2片面包

● 3条培根

● 4片番茄

● 2片罗马生菜叶

● 20克蛋黄酱

做法

1）面包烤得半酥脆。

2）培根在平底锅里煎脆，注意一定要脆才行，不要用软培根。煎好的培根可以放到厨房纸巾上，吸去多余的油脂。

3）番茄切1厘米的厚片，罗马生菜洗干净，用甩水器甩干水分。

4）在面包片上涂抹蛋黄酱，将其他原料一一码放整齐，两片面包夹起来，切半即可。

孩子们都爱吃汉堡包，最早的牛肉汉堡包是1904年从德国南圣路易流传出来的，一经面世，立刻被美国人奉为挚爱。美国联邦政府对汉堡包的标准有严格的规定，比如做汉堡包的牛肉不可以含超过30%的脂肪，也严禁添加让肉看上去粉嫩鲜亮的亚硝酸钠。新鲜搅好的牛肉馅很容易团成肉饼，拌入一些诸如迷迭香、香韭之类的牛肉常配调味料，以及洋葱末、蒜末等提味的配料即可，也可以打进去一个鸡蛋，或者掺和一些牛奶。团成肉饼后在平底锅里煎熟，有的人还喜欢在牛肉汉堡包里夹上一些炒蘑菇、奶酪片、培根条等等。汉堡包的团形面包片上，涂抹上ketchup和芥末酱，也可以抹上烧烤酱，再夹上一些生菜、切片番茄，即大功告成。

汉堡包的馅不一定是牛肉，也可以是其他的肉类。还有素食者的汉堡包，最常见的是用豆腐做主料。

原料

- 500克北豆腐
- 50克全麦面粉
- 50克玉米粉
- 100克法香，切碎
- 5克孜然粉
- 3克迷迭香
- 5毫升酱油
- 30毫升烹调用油
- 根据个人喜好，可以加入姜末或者蒜末
- 汉堡坯面包
- 调味番茄酱（ketchup）
- 适量生菜、番茄（切厚片）

做法

1）豆腐碾碎，调入面粉、玉米粉、法香末、孜然粉、迷迭香、酱油，搅拌均匀。

2）用手团成汉堡形状的豆腐饼。

3）平底锅倒入油中火烧热，下豆腐饼，两面煎成金黄色。

4）面包片上涂抹ketchup，夹入煎好的豆腐饼、生菜、番茄片即可。

4.中东炸蚕豆丸子三明治
Falafel Sandwich

　　我在美国念教育学硕士时，因为学位面向中小学老师，课程都是在老师下班之后才开始，也就是说，我白天一天没有课，最早的课程是下午4:30开始，连续两三堂课，往往到晚上10:30才下课。这样一来，我不能按照平常人的时间表来吃饭，一般都是狠狠地吃上一顿午饭，等晚上回宿舍后再吃晚饭。有时候中间实在饿得慌，就跑到校区主干道上，在那里有一长排的流动餐车，兜售各式各样的快餐。就在那个时候，我第一次接触到并热爱上阿拉伯小吃，尤其是这个叫做falafel的素炸丸子。

　　Falafel最早是埃及人发明的，流传到阿拉伯地区各国，是中东菜肴最常见的特色之一。它是用蚕豆泥或者鹰嘴豆泥做主料，配以法香末和其他调味料，团成丸子，用油炸透，酥脆可口。它可以夹在披塔饼中，佐以白芝麻酱（tahini）或酸奶汁和辣椒汁，配上生菜、番茄和黄瓜，做成三明治来吃。也可以当作一种小吃，蘸着hummus（鹰嘴豆泥）吃。

在Rutgers念书时，我经常光顾的一辆餐车，是一个黎巴嫩小伙子开的。所有的餐车中，数他做的falafel最好吃，他对我这个老主顾非常殷勤，每次给我的三明治都分量足足的。他生意空闲又凑巧我等待下一堂课的时候，我们也聊会儿天，我还去他的车上看过他怎么炸丸子，他用来做丸子的小道具十分精巧便捷。后来我得知，曾经有一阵子，他以为我会嫁给他呢！

因为爱这一口，我吃过中东地区大部分国家人做的falafel，包括黎巴嫩、叙利亚、伊朗、塞浦路斯、以色列、苏丹、埃及、土耳其等等，不同地区的人做出来，有不同的风味。

原料

● 250克鹰嘴豆或蚕豆，浸泡过夜（如用罐头装鹰嘴豆，可省略浸泡和煮）

● 1只洋葱，切碎

● 2瓣大蒜，切碎

● 50克法香，切碎

● 25克香菜，切碎

● 50克面粉

● 1只鸡蛋

● 5克孜然粉

● 100毫升烹调用油

● 适量盐和胡椒

● 生菜、番茄、黄瓜、白芝麻酱（或酸奶汁）、披塔口袋饼

做法

1）鹰嘴豆用水煮开，大火煮5分钟后，转小火煮1个小时，煮熟后晾20分钟。

2）将鹰嘴豆碾成泥，搅入洋葱末、蒜末、法香末、香菜末、面粉、鸡蛋、孜然粉、盐和胡椒，搅拌均匀。可以用食品搅拌机，直到搅拌成黏稠的馅儿。

3）将馅团成丸子，再略微压扁，做成直径为4厘米、厚度为1.5厘米的大扁丸子。

4）丸子分批在油锅里炸透，炸成深棕色，咬上去酥脆。

5）夹在披塔口袋饼里，配以番茄片、黄瓜片、生菜丝，浇上白芝麻酱或者酸奶汁。如果嗜辣，可以浇上辣椒汁。

5.烤奶酪三明治
Grilled Cheese Sandwich

这款三明治是大约100年前，随着切片面包和切片奶酪的出现，而发明的。最初版本是敞开式三明治，上世纪60年代开始流行奶酪上边再覆盖一片面包，成为名副其实的奶酪夹心三明治。

这款三明治有几种不同做法，可以随意变通。英国人是用烤箱做，将面包烤得酥脆、中间的奶酪融化；美国人更倾向于用平底锅煎。除了面包和奶酪之外，也可以添加自己喜爱的其他原料，比如洋葱、番茄或者腌黄瓜。

这款三明治也是我儿子最喜欢的三明治之一。他还在网上搜罗出另外的做法，加以改良。偶尔某个周末，我们外出办事，他一个人在家写作业或者会朋友，饿了就给自己做吃的，烤奶酪三明治即是他的惯常菜谱之一。

原料

● 2片切片方包

● 1片美式切片奶酪（American cheese）

（如果追求更加高端的品味，则可以使用个人喜爱的美食奶酪，比如古老爷、车达、葛艮佐拉、瑞士奶酪等，用奶酪刀切成片，用量以可以覆盖大部分面包片为佳。）

● 15克黄油，均匀地涂抹在面包片一面

做法

1）平底锅烧热，转小火。

2）一片面包黄油面朝下放入锅内，上边覆盖奶酪，另一片面包黄油面朝上置于奶酪上。

3）慢慢煎透一面，再翻过去煎另外一面。奶酪融化、面包略为焦脆时拿出。

4）三明治切半，趁热吃，口感最佳。

6.煎鸡蛋三明治
Fried Egg Sandwich

据说这款简单之至的三明治在100年前的纽约被视为平淡无奇的代表作；还据说二战期间肉类限购时，有连锁快餐店老板推出它来替代肉类汉堡，后来肉类恢复供应，鸡蛋三明治就不受待见了。不过麦当劳早餐菜单上还留有它的身影。

这款三明治的确简易便捷，无需费神，既可口又果腹，既可做早餐亦可当午餐，还能随意添加内瓤，玩出花样来。多年前我在美国一所大学里当"校领导"，午饭时，如果自己没带饭，又不想去学校食堂，就会到校门外唯一的一辆餐车那里，让经营这辆餐车的希腊三兄弟之一，给我做一份煎鸡蛋三明治。

这款三明治可以用任何一种面包：切片方包、贝谷、法棍、汉堡坯、英式麦芬，等等。我觉得最好吃的首推芝麻粒汉堡坯，其次是英式麦芬。

原料

● 1只汉堡坯或英式麦芬，或2片面包片

● 1个鸡蛋

● 10毫升食用油

● Ketchup、盐和胡椒适量

● 可选配料：奶酪片、培根、火腿、腌黄瓜，等等

做法

1）汉堡坯或英式麦芬对半切开，烤面包炉里烤到自己心仪的程度。

2）平底锅热油，敲开鸡蛋下锅，煎成自己喜好的程度。

3）煎好的鸡蛋夹入烤好的面包当中，撒上盐和胡椒，涂抹Ketchup，佐以其他辅料，趁热吃。

7.花生酱+果酱三明治
Peanut Butter & Jam Sandwich

据说PB&J（花生酱果酱三明治的昵称，乃英文全称的字母缩写）三明治是美国人100多年前发明的。19世纪末20世纪初，花生酱还很贵重，仅在纽约的高档场所提供。后来花生酱价格下降了，普通家庭也消费得起了，于是这款三明治得以流传。现在，PB&J可以说是美国文化的经典代表，尤其深受小朋友欢迎，根据2002年的一项调查，美国孩子高中毕业之前，平均每人吃掉2500份PB&J三明治。凡是提供儿童菜单的西餐厅，这款三明治必在其列。

PB&J的做法极其简单，变通之处在于花生酱和果酱的挑选。市售花生酱分两种：香脆（crunchy）和柔滑（smooth），前者带有花生颗粒，吃起来有嚼头，后者完全是酱膏状，吃起来糯口。果酱则有很多种：草莓、蓝莓、覆盆子、蔓越莓、葡萄、柑橘……就看你好哪口啦！

原料

● 2片切片方包

● 花生酱适量

● 果酱适量

做法

一片面包涂抹花生酱，另一片面包涂抹果酱，两片合在一起，就行了！

8.热狗 Hot Dog

热狗面包中，其花样在于配料。最基本的配料是调味番茄酱（ketchup）和芥末酱，其他常见配料包括腌菜、德式酸菜、洋葱末、蛋黄酱、生菜、番茄、奶酪和辣椒等等。

热狗还有一些变异种类，比如把热狗插在一根签子上，裹上厚厚一层玉米糊炸得外焦里嫩，叫做"玉米狗"（corn dog）；迷你热狗裹上一层油酥皮，插上牙签，是一些聚会里常见的小吃，叫做"被裹猪"（pigs in blanket）；热狗加上墨西哥微辣烩豆（chilli），就成了chilli dog；切成小块的热狗还可以煮在菜里，或者敷在比萨上。

虽然从历史上看，热狗的发源地应当在德国，但却是美国人将其发扬光大了。热狗肠一说来自法兰克福，另一说来自维也纳，反正都是德语国家；到底是谁发明了这种把热香肠裹在面包里吃，也有多种版本，但都离不开德国人。至于为什么叫"热狗"，一说是19世纪时，德国人普遍吃狗肉，也会用狗肉做香肠。美国人=棒球赛+热狗，是一幅比较忠实的宣传海报。有趣的是，就连美国人和热狗之间的关联，也是19世纪末，由一个德国人建立起来的。

热狗的基本款就是一根热狗肠夹在

热狗深受孩子欢迎，但却有一定的噎食风险。给10岁以下的孩子吃热狗，最好切成小块，或者对半剖开。热狗属于高度加工肉食，营养价值低、添加物多，而且有致癌风险，所以最好不要让孩子多吃。

和其他香肠不同，市售热狗肠都是熟肠，买来仅需加热，不需烹调。加热后的热狗肠夹入专门的热狗面包中，抹上自己喜爱的配料，就可以了！

第四章　意大利通心粉及酱汁
Pasta and Sauces

　　第一次吃到意大利通心粉，是1987年，我当时的美国男朋友要离开中国回美国，临行前请我们全家在香格里拉饭店的西餐厅吃饭。那个年代跟外国人谈恋爱是要保密的，我们家人并不知道我们俩之间的关系，以为就是好朋友呢。我忘记了当时自己吃了什么，却记得我爸爸点了一盘子意大利通心粉，配的是波罗乃兹酱。虽然他老人家几年前曾经在美国做过一年的访问学者，却因为省吃俭用积攒八大件儿，并没见识过意粉，吃了几叉子就开始评论："这不是炸酱面吗？"于是我妈妈开始心疼，让人家这么破费，就吃了一盘子炸酱面？

　　不久后我也自费留学去了美国。阴错阳差，这段姻缘没有结成，只留下终身的友情。男友是半个意大利人，后来去了意大利定居，前后结了两次婚，都娶的是意大利媳妇，生了两个金发碧

眼的孩子,让深头发深眼睛的意大利人叹为观止。我和丈夫两次去意大利,都是托他找的住处,还跟着他的家人一起开车深入意大利内陆游玩。在美国时,我已经相当爱吃意大利面条了,去了意大利之后,更是死心塌地地爱上了意大利饮食。

1999年,我怀孕4个月,和丈夫一起去意大利参加我俩红娘的婚礼。当时恰逢胃口大开的孕中期,每天饕餮美味的意大利饭菜,结果儿子生下来之后,对意大利菜肴情有独钟。等女儿降生后,全家人更是离不开意大利菜,尤其是意大利面条了。女儿从小挑食,只有一个例外,什么都不合心意的情况下,只要有白水煮意大利面,小姑娘就会开口吃。意大利通心粉是我们家餐桌上最常见的菜肴,它既简便又可口,备受孩子欢迎。女儿一直保持吃白水煮通心粉的爱好,无论我们做了什么她爱吃的酱,煮好面后,必定要给她留一小碗白面,作为她的佐餐。

意大利面长长短短、圆圆扁扁、直直弯弯、圈圈旋旋、花花绿绿,千姿百态,都堆在一起,大概有数百种不同的面条。配它

们的酱汁也千变万化，数全了恐怕也有上千种吧。这里给读者们介绍一些常见的、简单易做的酱汁，大家可以根据一些基本原理，随意调配，大胆尝试，创造出自己喜欢的做法来。

首先需要说明一下意大利面的煮法。根据意大利的法律，所有的通心粉必须用硬粒小麦制成，成品呈黄色，可以煮成正宗的al dente（吃上去有些艮）状态。其他地区生产的意大利面，就没有这么严格的规定，有些面煮好之后很软，口感大打折扣。

煮法：一大锅水烧开，先撒一小勺盐，并倒入10毫升的橄榄油，再将面条下锅。煮开后，按照包装上指令的时间，大火煮N分钟，偶尔搅拌一下，以免粘锅。快到时间时，最好捞出来一根尝一下，千万不要煮软，而是咬上去还有一些艮劲儿的时候关火，滤干水，放回锅里，拌一些橄榄油，以防粘连。

如果是给小宝宝吃，可以将他要吃的那部分留在锅里多煮一些

时间，煮软了再盛起来。

其次要介绍一下市场上出售的各种罐装番茄酱。做以红酱为主的酱汁时，最佳的原料是中等浓度的tomato puree（番茄泥）或tomato sauce（番茄沙司），和高浓度的tomato paste（番茄膏），有些时候需要去皮原汁番茄（peeled whole tomatoes）或者原汁番茄碎（chopped tomatoes in juice）。这几样都可以买到罐头装的，分大中小三种型号。千万不要用配汉堡包和炸薯条吃的那种调味番茄酱（ketchup），它充满了添加物，尤其糖分和香精，口感和味道都不对劲，更何况它是美国人的发明，意大利餐桌上绝不会见其身影。

另外，番茄是含有天然盐分的植物，给孩子烹调时注意加入的盐分需要比往常减少。

1.基础番茄酱
Basic Red Sauce

这款酱汁是最基础的红酱，既可以单独作为酱汁唱主角拌面吃，也可以作为配角，搭上香肠、肉丸、海鲜、肉类等其他原料，拌入面里。

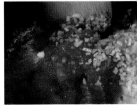

原料

- 1500克番茄，去皮切细丁
- 1根胡萝卜，切细丁
- 1只洋葱，切碎
- 2瓣大蒜，拍碎
- 30毫升番茄膏（tomato paste）
- 15克新鲜牛至叶、法香、罗勒，切碎
- 5克糖
- 15毫升橄榄油
- 适量盐和胡椒

做法

1）平底锅坐热倒油，下洋葱末和蒜末，小火翻炒5分钟。

2）下胡萝卜丁和番茄丁，炒10分钟左右。

3）下番茄膏、糖、盐和胡椒，烧开后煮2—3分钟。

4）用搅拌棒或者食品处理机将酱汁搅拌成均匀的糊状。

5）加入新鲜香草末。

备注

自从我吃素之后，这款素酱经常出现在餐桌上，而且，我们家阿姨小彭发明了她自己的做法，我自己觉得比按照正宗菜谱做的更好吃。小彭版本取消了胡萝卜，炒好洋葱和蒜末之后，先将番茄膏炒一炒，然后下番茄

丁，炒匀后加入干香料（迷迭香、百里香、月桂叶等），用小火煨着，慢慢熬上一个小时左右，熬得上边有一层番茄红油，最后搅入切得细细的香芹末，芹菜保留了清香清脆的口感，也提升了酱汁的味道。

2.波罗乃兹酱
Bolognese/Bolognaise

    波罗乃兹酱恐怕是全球最流行，起码是中国人最熟悉的酱汁。它也是我们家最常做的酱汁之一，孩子们简称其为红酱或者肉酱，以对应下文的绿酱。

    正宗的波罗乃兹酱不含大蒜，主料仅为牛肉末、洋葱、芹菜、胡萝卜和少许的番茄膏，配料是红酒、肉汤以及各种香草。各地对这款酱都进行了带有地方特色的加工，做法各有不同。我也根据孩子营养的需求略微山寨了它，从他们小时候起，这款酱就能达到让孩子多吃蔬菜的目的。至今他们俩最喜欢的蔬菜包括番茄、芹菜和胡萝卜。

原料

- 1只洋葱，切碎
- 2根胡萝卜，切细丁
- 2根西芹梗，切细丁
- 500克牛肉末
- 300毫升红酒（可省略）
- 500毫升牛肉清汤（或水）
- 1罐头去皮番茄（或番茄泥），425克左右
- 30克番茄膏
- 干迷迭香、百里香、鼠尾草、牛至、罗勒各5克
- 适量盐和胡椒，新鲜法香末，帕玛臣奶酪粉

做法

1）大号有深度的平底锅坐热，加橄榄油，下洋葱碎、胡萝卜丁、芹菜丁翻炒3分钟，转小火炒10分钟。

2）下牛肉末翻炒，用叉子分开粘连在一起的肉末，直炒到肉末全部分离、变色。

3）下番茄（番茄泥、番茄膏），以及所有干香料，搅拌均匀。

4）倒入红酒和清汤，烧开后转小火，烹调1.5—2个小时，直到所有液体挥发。

5）吃的时候，每个人给自己的那一份调入新鲜法香末和帕玛臣奶酪粉。

备注

这款酱正宗的做法需要两个多小时的烹调时间，对于我这样的懒妈来说，不免嫌它麻烦，而且怀疑两个小时之后，蔬菜里还剩下多少养分。所以我的山寨版波罗乃兹酱一般省略红酒和清汤，下了番茄酱和干香料之后，再煮20分钟就关火。这样一来，我的酱汁不那么浓密，而是有些稀。不过，依然受到自家以及别家孩子的热捧。

2a. 蘑菇波罗乃兹酱Mushroom Bolognese

这是前述传统波罗乃兹酱的快捷素食版本。

原料

- 500克白蘑菇，一剖四切丁
- 1只洋葱，切碎
- 2瓣大蒜，拍碎
- 500克番茄，去皮切碎
- 15克番茄膏
- 15毫升橄榄油
- 5克干牛至
- 盐和胡椒

做法

1）大号有深度的平底锅坐热，加橄榄油，下洋葱碎和蒜末翻炒3分钟。

2）下蘑菇丁，大火翻炒5分钟。

3）下番茄碎、番茄膏、干牛至翻炒均匀，转小火烹调5—10分钟。

4）撒入适量盐，可多撒黑胡椒粉，拌入煮好的意大利面。

备注

这款酱做起来十分便捷，可以先烧水，等水开时准备蔬菜，面入锅后，边煮面边做酱，面煮熟了，酱也好了，20分钟搞定！

3. 农庄酱
Farmhouse

原料

- 2只长茄子，切1厘米见方的丁
- 250克白蘑菇，切厚片
- 2瓣大蒜，切碎
- 2罐头（850克）去皮番茄，用剪子剪碎
- 30毫升橄榄油
- 15克新鲜法香，切碎
- 适量盐和胡椒

做法

1）不锈钢锅坐热，加橄榄油，下蒜末、茄子丁、蘑菇片，翻炒5分钟。

2）下番茄碎，盖上锅盖，转小火，烹调15分钟。

3）倒入法香末，撒上盐和胡椒。趁热拌面吃。

菜品制作：小巫

4.罗勒香草酱
Basil Pesto

这款酱是小巫同学的拿手招牌菜之一，N个孩子都品尝过并且念念不忘"小巫阿姨的绿酱"。N个成年人亦然，比如我那个在郊外有庄园的闺蜜，夏天必定招呼我去她家院子里摘罗勒，而后必定向我索取绿酱。因为罗勒是这款酱里成本最低的主料，闺蜜笑说，为了她这一瓶子免费酱，我需要配上好多只昂贵的阳澄湖大闸蟹。

有趣的是，我在美国第一次接触到这款酱时，居然不喜欢它的味道，令热心介绍给我的人大失所望。后来在纽约居住的时候才真正热爱上它，并且做出自己的风格来。虽然正宗菜谱介绍它的做法都需要搅拌机（blender），一边倒橄榄油一边开机搅拌，但我发现那样做出来的酱太稀，口感不够好。当年我开始试做的时候，并没有搅拌机，也没打算买，所以使用了很原始的办法：像剁饺子馅一样地将罗勒叶子分批剁碎。结果惊喜地发现，这样做出来的酱更好吃。后来我婆婆送了我一套带搅拌棒的食品处理机（food processor），在这台机器里打碎罗勒叶子比较方便，省了我很多力气。

我的一个同学，常年在意大利工作，告诉我这款酱是热那亚人发明的，其名pesto词根来源于做酱的杵子pestle，也就是说这款酱是用杵子在石臼里把原料捣烂做出来的，看来我的山寨做法还是歪打正着，秉承了传统。

我做这款酱，所有原料没有计算过精确分量，全凭感觉。现在要写出分量来，有些为难我，只能参照其他菜谱，估计个大概。

原料

- 150克新鲜罗勒叶子
- 60克松仁
- 3瓣大蒜
- 40克帕玛臣干酪粉
- 200毫升特级初榨橄榄油
- 10克盐

做法

1）罗勒叶子去梗，洗干净，甩水器甩干水分。如果没有食品处理机，则剁碎。

2）松仁在平底锅里用小火烤透，晾凉。如果没有食品处理机，先用擀面杖碾碎，再用菜刀剁碎。

3）如果使用食品处理机，罗勒叶、松仁、大蒜三样原料分别搅成碎末，倒入一只大碗里。

4）加入帕玛臣干酪粉、盐，慢慢加橄榄油，一边倒，一边搅拌，直至搅拌均匀。

备注

1）这款酱如果一次做多了，可以冷冻起来。

2）摘下来的罗勒梗不必丢弃，可以用来做烧茄子。

3）很多餐馆都有这款酱，但是不一定使用了上好的原料。松仁、帕玛臣干酪、特级初榨橄榄油都很贵，餐馆考虑成本，也许会用其他原料代替。自己在家做，也可以根据原料购买的难易度，略事变通。用法香代替罗勒，用核桃仁代替松仁，用其他奶酪代替帕玛臣干酪，又是另一番味道。我的闺蜜白丹丹看了这本书的第一版，按照这份菜谱，添加了更多其他原料，包括土豆泥、腰果、胡椒等，制成她自己独特的风味。

4）把这款酱做好吃的秘诀在于材料要分别搅碎，不能图省事放在一起搅。

5. 美式培根奶酪通心粉
American Carbonara

这款通心粉之所以叫做"美式"，是因为在美国做的时候，一般用培根。如果是在意大利做，就会用当地产的未经熏制的咸肉pancetta。因为pancetta不是那么好买，所以在意大利之外只好用培根代替。

我曾经把这本书第一版送给女儿同学卡蒂的妈妈，卡蒂的爸爸是意大利人，他看不懂中文，却特地把书里所有跟意大利有关的篇幅都找出来审阅一番。再见到我，就猛烈抨击这道菜谱，为什么不用pancentta？他很夸张地用手在胸口比画着，浓烈意大利口音的英文甩过来："Carbonara不用pancetta做！你这是用匕首在我心口搅动！"

所以，如果你能买到pancetta，就别用培根哈！不然，卡蒂爸爸的心脏受不了啦！

原料

- 4条培根，切丁
- 2瓣大蒜，拍碎
- 4只鸡蛋
- 125克帕玛臣奶酪粉
- 500克通心粉（长短皆可，短型最佳）
- 30毫升橄榄油
- 适量盐和胡椒

做法

1）一大锅水烧开，放入盐、一勺橄榄油，放入通心粉，根据包装上的指示时间煮熟，一般8—10分钟。

2）在通心粉烹调时间还剩下6分钟时，平底锅坐热，倒入一勺橄榄油，下培根丁煎脆，大约需要5分钟，最后放入蒜末，炒几秒钟即可。灭火，把锅盖上，等待通心粉预备好。

3）等待培根烹调的过程中，在一只碗中，将鸡蛋和奶酪粉搅拌均匀。

4）通心粉煮好后，滤去水，放入平底锅中，和培根油一起搅拌，而后慢慢倒入鸡蛋奶酪调料，均匀搅拌。通心粉和培根油的热量会把鸡蛋烹熟。

备注

1）这款面食的烹调，需要三管齐下，掌握好时间十分关键。如果通心粉先熟了，等待培根，面条容易变黏变软。如果培根先好了，等待通心粉，油温不够高，鸡蛋则不会熟透。

2）注意鸡蛋要早些从冰箱里取出，放到室温，否则影响烹调温度。

3）这款酱里的鸡蛋，既可以仅用蛋黄，也可以整个鸡蛋都用。

4）如果感觉太干，可以调入少许热牛奶。

5）我有时候会在这款酱里加入一些干番茄（sundried tomatoes）和罗勒，更有色彩和味道。

6.青菜拌面
Pasta Primavera

　　这款拌面的酱汁发源地不在意大利，而在北美，它的历史也并不悠久，但在所有的意粉酱汁中，它却是最有名者之一，排名至少在前5位。Primavera在意大利语里是"春天"的意思，这款酱汁的特点就是以碧绿而清脆的蔬菜为主角，味道不那么浓重，而是十分清淡。它看上去简单，但讲究的餐馆做起它来却很麻烦，因为每一样蔬菜都需要单独处理。蔬菜的种类可以自由搭配，手头有什么就用什么。酱汁底色正宗来说应该是奶油色，白奶油白面条衬托绿色蔬菜，但也有人加入番茄和胡萝卜，点缀一些红色。

原料

● 1只洋葱，切碎

● 2根胡萝卜，切丁

● 2根西芹梗，切丁

● 15根芦笋

● 1根甜玉米（或1罐头玉米粒）

● 150克绿蚕豆

● 150克鲜豌豆

● 300毫升鲜奶油

● 30毫升橄榄油

● 50克帕玛臣奶酪粉

● 适量盐和研磨胡椒

做法

1）芦笋用开水焯2分钟，放入凉水冷却，以保持颜色翠绿和口感清脆，切2厘米段。

2）蚕豆用开水烫一下，放入凉水冷却，剥皮。

3）豌豆用开水焯2分钟，放入凉水冷却；甜玉米煮熟后，将玉米粒剥下来。

4）平底锅坐热，加橄榄油，下洋葱末、胡萝卜丁和芹菜丁翻炒3—5分钟，菜炒熟但并不软。

5）下蚕豆和豌豆，倒入奶油，翻炒3分钟。

6）下芦笋和玉米，再烧1分钟，关火。撒入盐和胡椒。

7）拌入煮好的面，加入帕玛臣奶酪粉。

7. 芝士曲通粉
Macaroni and Cheese

（此图来源图库）

　　凡是在美国长大的孩子，恐怕没有没吃过芝士曲通粉的，即便不是白人家庭，家里不做这道菜，也会在学校里吃过。凡是在美国又上班又操持家务的主妇们，恐怕大多数都买过这道意粉的盒装成品，既方便又简单，而且备受孩子们欢迎。孩子们热捧它是有道理的，因为它充满了孩子们喜闻乐见的黄油、奶油、奶酪和意粉，却不见任何蔬菜的影子。成年人跟着孩子一起吃则需要警惕了，因为它充满了高脂肪高热量食材。如果你在减肥，我推荐你离它远远的，给孩子做好了让他们吃，你吃蔬菜沙拉就行了。当然，万一你禁不住诱惑而吃了几口，建议你尽快跑步游泳跳绳瑜伽，以消除这道意粉带来的体重。

　　此修订版增加了的"绿色健康版芝士曲通粉"做法，减少了脂肪和热量，增加了绿色蔬菜。

原料

- 500毫升牛奶
- 250毫升鲜奶油
- 250克车达奶酪，礤成丝
- 50克帕玛臣奶酪，礤成丝
- 60克黄油
- 30克面粉
- 500克曲通粉（macaroni，半圆形弯短面）
- 100克新鲜切片面包，碾碎
- 1片肉桂叶
- 2粒丁香
- 2片桂皮
- 2根培根，切碎，煎脆

做法

1）将牛奶、奶油、肉桂叶、丁香、桂皮放在汤锅里烧开，沸腾后即关火，晾10分钟左右，将香料取出来。

2）平底锅小火融化黄油，加入面粉，搅拌1分钟，关火。慢慢搅入第1步的奶油汁，搅拌均匀无颗粒。

3）再开火，一边煮一边搅拌，开锅后转小火煮3分钟，关火。倒入125克车达奶酪丝和25克帕玛臣奶酪丝，搅拌至奶酪融化，撒入盐和胡椒。

4）将曲通粉煮到七成熟，滤干水分，倒回锅里，拌上上文做好的奶油奶酪汁。

5）放入一只烤盘里，浮头撒上面包屑、培根渣和剩余的奶酪丝。

6）烤箱预热至180度。烤盘放入，烤20—30分钟。

7a.绿色健康版芝士曲通粉 Green Mac'N'Cheese

菜品制作、摄影：小巫

原料

- 500克曲通粉
- 300克西蓝花，切成小丁
- 300克菠菜，切碎

（如孩子不喜欢绿色，以上两种蔬菜可以用花椰菜与圆白菜代替）

- 15毫升橄榄油
- 1只洋葱，切碎
- 1瓣大蒜，拍碎
- 50克面粉
- 500毫升牛奶
- 200克车达奶酪丝
- 15毫升芥末酱
- 适量豆蔻粉
- 200克面包渣
- 适量盐和胡椒

做法

1）深锅开水将曲通粉煮4分钟，捞出放在一旁。

2）继续利用锅里开水，下西蓝花丁煮1分钟，捞出；再下菠菜末煮1分钟，捞出。

3）平底锅坐热，加橄榄油，下洋葱末和蒜末翻炒，炒到透明。

4）撒入面粉翻炒，至面粉略微变色。

5）慢慢倒入牛奶，边倒边搅拌，直至均匀。

6）加入150克奶酪丝、芥末酱和豆蔻粉，关火。

7）烤箱预热至180℃，烤盘内放入曲通粉和蔬菜，拌入做好的奶油酱，浮头撒上剩余的奶酪丝，铺上一层面包渣，烤30分钟。

7b.简易版芝士曲通粉

上边介绍了两种芝士曲通粉的做法，一种是传统正版，一种是健康改良版，但都可能让读者觉得"太麻烦"。这里再介绍一款简版做法，不仅美味，还可以把家里的剩菜打扫干净。

原料

- 500克曲通粉
- 20克黄油
- 20克面粉
- 1罐头去皮番茄
- 200克烹调过的蔬菜，比如蘑菇、玉米粒、胡萝卜、西蓝花等，没有也可省略
- 100克奶酪丝
- 2只鸡蛋
- 150毫升牛奶

做法

1）曲通粉煮到七成熟，控水，倒回锅里。

2）拌入黄油、面粉、罐装番茄和蔬菜。

3）将搅拌好的原料均匀地铺在烤盘里，撒上奶酪丝。

4）鸡蛋打散，和牛奶搅匀，浇到烤盘里的原料上。

5）烤箱预热180℃，烤30分钟；烤好后晾10分钟再吃。

8.鲈鱼意面
Pasta with Seabass and Vegetables

　　这款意面是我从某本八卦杂志上看来的，当时正值秋季，鲈鱼肥美，家里阿姨买了几次或清蒸或红烧，深受孩子们欢迎。我看到还可以用来做意面，就告诉阿姨下次买鲈鱼回来，咱们做个不一样的。我跟阿姨讲了这道菜都需要什么配料，她按照我说的采买好，还没等我跟她说怎么做，她已经勤快地切好了所有原料——比实际需要的多得多！我只好将错就错，煎好鲈鱼，又用多余的原料熬制了酱汁，大家品尝后觉得非常可口。于是，这里收进我的篡改版鲈鱼意面，读者也可以根据手头的材料，自行变通。

原料

● 500克鲈鱼，片下两边整片鱼肉（鱼骨留着以后做汤），涂抹盐和胡椒

● 500克芹菜，切细丁

● 2只绿色灯笼椒，切细丁

● 4只番茄，去皮切细丁

● 30克番茄膏

● 2瓣大蒜，拍碎

● 50克香菜或者法香，切碎

● 500克长条意面（spaghetti or fetuchini）

● 30毫升橄榄油

● 30毫升白葡萄酒（可选）

● 盐和胡椒适量

做法

1）平底锅坐热，加橄榄油，下蒜末、香菜末（或法香末）以及少部分芹菜丁，翻炒2分钟。

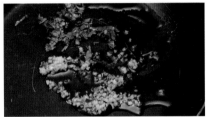

2）放入鲈鱼片，鱼皮面朝下，中火煎5分钟后，翻面煎2分钟，取出，去掉鱼皮，鱼肉切丁。

3）锅里加入剩余芹菜丁和其他蔬菜，翻炒5分钟。

4）倒入白葡萄酒和番茄膏，撒入适量盐和胡椒，小火炖20分钟左右。

5）熬制酱汁时可以煮意面，捞出控水。

6）鱼肉、酱汁和意面搅拌好，即可开吃！

9.千层饼 Lasagna

千层饼是意粉中比较特殊的一款，它非常流行，备受孩子欢迎，只是做起来比较麻烦。不过一般一做就是一大盘，吃不完还可以冻起来。

做法（分三个步骤）

A.奶酪汁

1）在锅里将黄油热化，下面粉搅拌1分钟，关火。

2）慢慢倒入牛奶，搅拌均匀无颗粒。开火边煮边搅拌，直到牛奶汁浓稠，3—5分钟。

3）关火，倒入全部Ricotta干酪、二分之一帕玛臣奶酪粉和二分之一马祖里拉奶酪丝，撒入盐和胡椒。

B.肉酱

1）平底锅里橄榄油烧热，下洋葱末翻炒，直至炒软。

2）下牛肉末翻炒，直至全部散开无结团，变色。

3）连原汁一起倒入罐装番茄，下牛至末、罗勒末，小火烹调20分钟。

C.千层饼

1）在一只长方形烤盘里涂抹上橄榄油或者黄油，把面片一条挨一条地码放在底部。可以将面片掰开，遮盖住任何裸露的盘底。

2）盛三分之一的肉酱，均匀地铺在面片上，再盛三分之一的奶酪汁，均匀地浇在肉酱上。而后再铺一层面片，铺一层肉酱，浇一层奶酪汁。如此再做第三次，最后一层用面片盖上，撒上剩余的帕玛臣奶酪粉和马祖里拉奶酪丝。

3）烤箱预热到200度，放入烤盘烤40分钟。

备注

买来面片要看一看是否需要预先煮一煮。

原料

- 300克盒装即食千层饼面片
- 200克马祖里拉奶酪，礤成丝
- 100克帕玛臣奶酪，礤成末
- 300克Ricotta干酪
- 50克黄油
- 50克面粉
- 125毫升奶油
- 500毫升牛奶
- 1只洋葱，切碎
- 500克牛肉末
- 2只罐头去皮番茄，剁碎
- 30毫升橄榄油
- 5克干牛至粉
- 5克干罗勒粉
- 适量盐和研磨胡椒

9a.素食千层饼 Vegetarian Lasagna

　　素食千层饼的做法五花八门，没有统一的菜谱，而是根据自己的喜好来做。有人喜欢茄子，因为茄子切片比较大，煎一煎，可以和面片一起作为千层饼的隔层；有人喜欢菠菜和蘑菇，有人喜欢西葫芦，有人喜欢胡萝卜，还有人用豆腐！总之，你可以随意发挥。奶酪酱和面片的做法和上边写过的差不多，中间的蔬菜内容呢，就看你想吃什么了。用洋葱末、蒜末翻炒一下蔬菜，加入香草和番茄酱；如果是菠菜和蘑菇混合，那就可以省略番茄酱这份原料。如果不喜欢很多奶酪，可以用豆腐替代。而后在烤盘里，也是一层面片、一层酱、一层奶酪那样码放好，一共三层，放进烤箱里烤熟即可。

（此图来源图库）

10.蔬菜番茄酱配牛至
Vegetable Oregano in Tomato Sauce

上文介绍了工序最繁杂的意面——千层饼。现在放松一下，给大家介绍几种非常简单而又容易变通的做法。

像我们这样每逢节假日就一天到晚在外边游来逛去的家庭，家里没有老人给做饭，阿姨周末休息，在外边野游回家之前或之后，都面临迅速将饭端上桌子的挑战。家搬到学校附近居住的几年，每天给孩子们送去热热的午饭，在保温盒里变花样，还要保证不漏洒了并且保持口味，也是一个颇费心思的事情。

一个解决方案就是利用厨房里的任何蔬菜做最简单的意大利面，既便捷又可口。

原料

- 1只洋葱，切碎
- 2瓣大蒜，拍碎
- 2根胡萝卜，礤丝
- 2根西葫芦，礤丝
- 1罐头去皮原汁番茄
- 10克干牛至
- 15毫升橄榄油
- 适量盐和胡椒

做法

1）平底锅坐热，加橄榄油，下洋葱末和蒜末翻炒，至洋葱炒软。

2）下胡萝卜丝和西葫芦丝翻炒2分钟。

3）下去皮番茄，番茄可以事先搅碎，也可以在锅里弄碎。

4）下干牛至，烹调5—10分钟，撒入盐和胡椒即可。

5）与煮好的意大利面搅拌均匀。

备注

1）这里我仅举了两样蔬菜（胡萝卜和西葫芦）的例子，还有好多蔬菜可以搭配进去，比如圆白菜、西蓝花、菜花、豆角等等，总之家里有什么就做什么。

2）如果没有罐装番茄，就用新鲜番茄去皮剁碎，汁可能没有那么浓。

3）不用牛至调味的话，用迷迭香、罗勒或者孜然粒都可以，爱吃什么口味就用什么。

11.烟熏三文鱼奶油酱
Smoked Salmon and Cream

很多时候，美味的食品并不需要复杂的工序。这款十分简单的意粉，不仅最受我们家孩子热捧，也赚取了好多其他大小朋友的喝彩。

原料

- 500克番茄或圣女果，去皮切细丁
- 2根黄瓜，切细丁
- 5根香葱，切碎
- 150克烟熏三文鱼（亦可用鲜三文鱼）
- 250毫升鲜奶油
- 适量盐和胡椒

做法

1）将奶油和三文鱼一起放在锅里，静待30分钟。

2）小火慢慢烧热，注意不要煮沸。

3）下番茄细丁、黄瓜细丁和香葱末，蔬菜热透即关火。

4）和煮好的面拌在一起，撒入盐和胡椒。

备注

和许多酱汁一样，这款酱汁需要做好后马上拌入面条，所以最好在面即将煮好前3分钟开始做酱。

12.蒜蓉法香汁
Garlic Sauce with Parsley

原料

- 6瓣大蒜，切碎
- 250毫升橄榄油
- 100克法香，切碎
- 500克意大利面

做法

1）在面快要煮好前2分钟左右，平底锅坐热，加橄榄油，下蒜蓉，炸成金黄色，注意别炸焦了，关火。

2）面条滤去水分，倒回锅里，拌入蒜蓉汁，搅入法香末。

备注

还可以拌入其他新鲜香草，或者剁碎的橄榄，甚至烹调好的鸡丝、火腿丝等等。

13.培根/火腿番茄汁
Bacon/Ham in Tomato Sauce with Rosemary

这款酱汁的正宗原料应该是意大利帕玛火腿（prosciutto），考虑到很多地方买不到这种火腿，就用培根或者其他火腿替代了。

原料

- 1只番茄
- 2罐头原汁去皮番茄，搅碎
- 4根培根，或者3片火腿，切碎
- 15毫升橄榄油
- 15克新鲜迷迭香，剁碎
- 50克帕玛臣奶酪粉
- 适量盐和胡椒

做法

1）如果用培根，平底锅坐热，下培根末，将油烧出来，再下洋葱翻炒。如果用火腿，则将橄榄油烧热，下火腿末和洋葱末一起翻炒5分钟左右。

2）下原汁番茄碎和迷迭香末，小火烹调10分钟左右。

3）吃的时候酱汁和面条搅拌均匀，撒上帕玛臣奶酪粉。

14.意式烩米饭
Risotto

　　不要以为意大利人只会吃面条（甚至传闻这面条还是马可·波罗从中国用扁担挑过去的），他们也爱吃米饭。中国虽然是稻米大国，但意大利人吃米饭的传统却不是中国人给的，而是中世纪由阿拉伯人带过去的，在意大利温暖潮润的气候里扎了根。尤其是意大利北部的米兰，因受西班牙统治长达两个世纪，吃米饭的习惯也受了西班牙的影响。意式烩米饭risotto的做法，与西班牙式烩米饭paella的做法，有诸多相似之处。

　　做意大利面条，用的小麦需有讲究，做意大利米饭，用的大米也很有讲究：必须用圆润饱满的短粒米，如Arborio、Baldo、Carnaroli或者Vialone Nano米等。这种米里含有与众不同的氨基酸和淀粉，普通大米可以吸收三倍于自身体重的水分，但Arborio这类的米则可以吸收五倍以上，且不会粘连，保持颗粒形状和al dente的口感，并在逐渐添加汤汁、不断搅拌的过程当中，外壳软化，变为黏稠的奶油口味。

　　意大利米饭既可以单独出场，当做一道配菜，也可以搭配各种其他食材，做出不同口味，比较常见的有海鲜、蘑菇、芦笋等。最基本的原料是以下几种：短粒米、黄油（或橄榄油）、鸡汤（或蔬菜汤）、洋葱碎、帕玛臣奶酪粉、白葡萄酒和藏红花（后两者可省略）。这里介绍最基本的意饭做法。

原料

- 500克短粒米
- 2000毫升鸡汤（或蔬菜清汤）
- 50克黄油（或30毫升橄榄油）
- 1只洋葱，切碎
- 2克藏红花
- 120毫升白葡萄酒
- 150克帕玛臣奶酪粉
- 适量盐和胡椒

做法

1）藏红花泡入200毫升热鸡汤，其他的鸡汤热开待用。

2）用一只中等深度的不锈钢大汤锅，融化黄油（或用橄榄油），下洋葱碎翻炒5分钟左右，至洋葱透明，但千万不要焦糊。

3）下短粒米翻炒，让米粒裹上黄油或橄榄油，3—5分钟。

4）倒入白葡萄酒，搅拌至被吸收。

5）倒入泡有藏红花的热鸡汤，转小火炖，频繁搅动，至吸收。（如果不用藏红花和干白，这两步可省略。）

6）煮沸的鸡汤分次倒入，一次200毫升左右，同时频繁搅动米饭，至水分被吸收后，再倒入下一批鸡汤。其间可品尝，看米饭是否煮熟。从倒入第一批鸡汤至米饭煮熟，大约需要20分钟。

7）关火，拌入帕玛臣奶酪粉，撒入盐和胡椒粉。

15.意面蛋饼
Spaghetti Frittata

　　意大利面不仅可以煮了拌酱汁吃，还可以烤成饼或派来吃。这里介绍几款烤意粉，烤熟后像切蛋糕那样切成三角块，配上蔬菜沙拉吃。

　　我是最近几年在新西兰的咖啡馆里发现frittata这个好东西的。新西兰的餐饮文化和中国的不一样，一般的城镇里，正式餐厅很少，去正式餐厅吃饭是一件比较隆重的事情，所以一顿饭要慢慢吃，侍者慢慢地上菜，大家喝酒聊天，一般两个多小时才能吃完一顿饭。不像国内的餐厅，点完菜一会儿就上齐了，翻台很快。在新西兰旅游，肚子饿了想尽快吃到东西，就不能去正式的餐厅，否则可能饿晕了菜还没上来，而且你还不能催，人家会觉得你有毛病。最好去遍布各地的咖啡馆，像快餐店一样高效，却比快餐店好吃又有营养。咖啡馆供应简便的饭菜，厨房可以做热食，同时柜台橱窗里陈列着三明治、馅饼派、麦芬糕等，自取出来，也可以加热。其中一样就是花样繁多的frittata，有含肉的，也有素的。

　　Frittata是个意大利词，本意是指烹调鸡蛋，包括煎蛋、蛋卷和蛋饼。这个词现在用来称呼以鸡蛋为基础的、介乎omelette蛋饼和quiche法式派之间的那种块状蛋饼。

原料

- 200克长意面，煮八成熟，切碎
- 150克白蘑菇，切片
- 1只绿灯笼椒，切碎
- 100克鲜豌豆，开水焯1分钟断生
- 100克火腿，切丝
- 6只鸡蛋
- 30克黄油（或15毫升橄榄油）
- 250毫升牛奶
- 50克新鲜法香，切碎
- 30克帕玛臣奶酪粉
- 盐和胡椒适量

做法

1）平底锅坐热，融化黄油或放橄榄油，下蘑菇片翻炒3分钟。

2）下绿椒碎、火腿丝、豌豆翻炒2分钟，关火，略事冷却。

3）烤箱预热至180度。在一只大碗里，将牛奶和鸡蛋打散搅匀，撒入盐和胡椒；拌入熟意面、法香碎和刚才炒好的蔬菜。

4）圆形烤盘涂抹适量油，将3倒入，撒上帕玛臣奶酪粉，烤30分钟。

16.酱汤拉面
Ramen in Miso Soup

　　在美国居住时，因为没有家庭负担，闲在的时间多得用不完，所以经常看电影。那个时候有一个日本电影导演在美国比较出名，就是伊丹十三，他自编自导并启用自己夫人主演的几部影片都很叫座。我看过他的四部电影，第一部叫做Tanpopo（蒲公英），讲的跟饮食有关的几个零散故事，由女主人公开的拉面店这条主线串联起来。女主人公的名字就叫Tanpopo，她的拉面店也以此为名。我特别喜欢这部电影，看了不下10遍，也因此而热爱上日本料理，尤其是拉面系列。当时在我居住的城镇上，有过一家日本拉面馆，借着影片的盛名，也叫Tanpopo，我经常去吃那儿的拉面，可惜没多久它就关门了。后来去日本旅游，品尝到了正宗的拉面。孩子们都很喜欢吃，不由得我在家里也学着做。这个菜谱是我那嫁为日本人媳妇的闺蜜陈宜君电话口述给我的，我们在家多次实践过。

原料

● 香葱、生姜、大蒜各15克，香葱切碎，姜、蒜研磨成末

● 30克豆瓣酱

● 30克柴鱼精

● 15克糖

● 15毫升烹调油

● 500克猪肉馅

● 300克豆芽

● 300克菠菜，洗净切段

● 100克日式大酱

● 500克拉面（可用切面或手擀面代替）

● 1000毫升开水

做法

1）炒菜锅里烹调油加热，下香葱末、姜末、蒜末翻炒3分钟左右。

2）下肉馅、豆瓣酱和糖继续翻炒，至肉馅变色炒熟。

3）下开水，煮开后，撇去浮沫，转小火继续煮5分钟左右关火。

4）在汤料中撒入柴鱼精，用一碗汤化开大酱，搅入锅里。

5）另一只锅里烧开水，焯熟豆芽和菠菜，继而煮熟面条。

6）吃的时候，每只碗里盛入适量面条、豆芽和菠菜，浇上几汤勺大酱汤料，成为汤面。

备注

如果家里有素食者，可以在炒汤料的时候不放肉馅，而是另外炒熟肉馅，和豆芽与菠菜那样，吃的时候根据自己喜好放入适合的量。

第五章 主菜
Main Courses

    略具西餐常识的朋友都知道，一餐完备的西餐，至少有5道菜：开胃小吃、汤、主菜、沙拉、甜点。法国人会在主菜过后来一些面包配奶酪，美国人主菜前吃沙拉，大部分欧洲人则是在主菜之后吃沙拉。意大利人最隆重，一顿饭可能不止吃一道主菜。有一年我和丈夫去意大利参加朋友的婚礼，婚宴上菜品川流不息，上了有十多道主菜，险些把客人们都撑昏过去。因为西餐跟中餐不一样，不是所有主菜摆在桌子中间大家分享，而是每道菜每个人都有一大份，吃完了再上下一道菜。所以你可以想象十道主菜对于我们的胃来说，是多么的壮观。好在当时我怀着儿子，大快朵颐，小家伙也跟着热爱上了意大利菜。

我自己在家做饭，通常不会如此讲究，尤其孩子小的时候，一边照顾他们一边烹调，就必须多快好省地利用时间和原料。一般来说，一道主菜配一锅汤或者一款蔬菜沙拉即可，烤肉和煎鱼类则还需配上土豆泥。冬天不方便吃生冷蔬菜，连沙拉都省了，炖上一大锅菜，配米饭面包或意粉，全家皆欢。孩子大一些后，能帮厨了，我有时会超常发挥一把。家里招待客人时，则会有全套大餐待遇。

荤食篇

1.炖牛肉 Beef Stew

说是炖牛肉，其实重点在"炖"stew这个字眼儿上。Stew指的是一锅原料，比如肉类（尤其是比较难煮熟的肉）或海鲜，加上诸如土豆、洋葱、番茄、胡萝卜等根茎类蔬菜，注入红酒或高汤，用慢火炖，最后，成块的食物浸透在烹制出来的汁液里。

Stew在西方餐饮可谓历史悠久、源远流长，公元前八世纪就有记录在案。不同地区还开发了带有自己民族风味的做法，比较著名的有匈牙利炖牛肉、法式焖罐牛肉、俄罗斯焖罐牛肉、爱尔兰炖肉，等等。

Stew和中餐的沙锅炖肉有异曲同工之妙。过去人们没有一点就着的天然气或者一拧就热的电炉子，烹调需要堆柴起火，而冬天取暖会烧掉大量燃料，散发的热量用来烹调，可谓高效利用。看过一些西方电影的人可能都见过这种镜头：宽敞的壁炉里烈火熊熊，炉子上方吊着一只圆圆的大肚子锅，锅口冒着热气，这就是stew的原型了。

1a.匈牙利炖牛肉 Goulash

这道菜是我们家的传统保留节目，我在生孩子之前经过多次尝试琢磨出最佳做法。它虽冠名"匈牙利炖牛肉"（我们笑称其为"共产主义"，因毛泽东的诗词里曾经以此讽刺赫鲁晓夫说共产主义就是所有家庭都能吃上Goulash——"土豆烧熟了，再加点牛肉"），原型也的确来于此，但在我这里，已经多方改良，不是最正宗的那种了。那倒也是，听匈牙利人说，正宗的goulash是家庭后院挖一大坑，坑里架起柴火，柴火上支锅炖出来的。难不成咱为了好这口，把后院给挖了？

大部分炖牛肉菜谱都要求加水炖，我这款却不用水，而是用原料自然的汁。很多朋友品尝后，听说没有加水，都很吃惊——哪里来的这么多汁呢？

原料

- 1500克牛肉，切3厘米方块
- 1只洋葱，切片
- 20克生姜，切片
- 2只番茄，切碎
- 1000克胡萝卜，切滚刀块
- 1000克土豆，切滚刀块
- 干香料：迷迭香、百里香、牛至各5毫升
- 1片肉桂叶

- 15克白砂糖
- 40毫升烹调油
- 20毫升生抽酱油
- 10毫升二锅头

做法

1）在一只餐盆里，将牛肉块、洋葱片、姜片、干香料、白砂糖、二锅头用手搅拌均匀，淋上10毫升烹调油，包在塑料袋里，放入冰箱，腌制过夜。

2）在烹调之前，将餐盆里腌出来的汁，连同大部分洋葱片和姜片，倒入沙锅里，备用。

3）炒菜锅坐热，加烹调油，下牛肉翻炒，转中火一直翻炒，大约10分钟，直至牛肉全部变色，炒出很多汁。

4）倒入沙锅，下番茄碎和肉桂叶，开大火烧沸，转小火，炖1.5—2个小时（视牛肉熟度调整）。

5）牛肉将熟之前20分钟，下胡萝卜块烧开，转小火炖。10分钟后，下土豆块烧开，转小火炖。

6）牛肉熟透之后，下生抽，翻拌均匀，关火。

备注

1）牛肉可以买牛腩，如果给孩子吃，最好搭配上一些纯瘦肉，有些孩子不喜欢吃肥肉多的肉块。

2）这道菜如有剩余，可以在第二天热了，搭配面条、黄瓜丝、香菜等，做成牛肉面。

1b. 法式焖罐牛肉 Beef Daube

这道菜源自法国普罗旺斯省，名称来自法语 daubiére，就是专门做这道菜的一种焖罐锅，也就是说，烹调过程中所有食材都被焖在锅里，留住所有水分。

用一层薄薄的面粉裹住肉块在锅里煎成浅棕色，是stew类菜最正宗的做法。

原料

- 1000克牛肉，切5厘米方块
- 3根胡萝卜，切滚刀块
- 2只洋葱，切丁
- 1罐头去皮原汁番茄，搅碎
- 3瓣大蒜，拍碎
- 30毫升粗粒芥末酱
- 50毫升烹调油
- 适量面粉
- 1只小洋葱，嵌入6粒丁香
- 15粒黑胡椒
- 1只调料纱布袋，内含迷迭香、百里香、墨角兰、肉桂叶、法香、香芹籽等鲜香料或干香料，750毫升葡萄酒（红白皆可）
- 盐和研磨胡椒适量

做法

1）面粉调入一些盐、研磨胡椒和细红椒粉，让牛肉块薄薄地沾上一层。

2）平底锅中火热油，分几批下牛肉块，每面煎变色后取出。

3）将牛肉煎出来的油脂倒一小勺进沙锅里，倒入葡萄酒，烧开，转小火煮5分钟左右。

4）下芥末酱，用打蛋器轻微搅打，直至与葡萄酒均匀混合。

5）下牛肉、胡萝卜块、洋葱丁、番茄碎、镶嵌了丁香的整只小洋葱、黑胡椒粒、调料袋，盖上盖子，小火烹调3个小时左右。

6）炖好后，取出调料袋和整只小洋葱。可即食，但搁置24小时后吃更香。

备注

如果不用纱布包，可以将香料置于芹菜嫩芯里，放进锅里，烹调后取出。

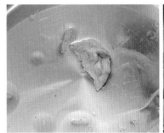

2.烤/煎牛排
Beef Steak

中国人说"嫁汉嫁汉，穿衣吃饭"，还说"嫁鸡随鸡，嫁狗随狗"，我理解的意思是，嫁给谁，就得随着人家的口味来吃饭。虽说俺老公已经在中国生活了二十几年，胃口已经被博大精深的华夏饮食异化了不少，但人哪，一辈子最爱吃的，永远改变不了的、简直可以用"贱"字来形容的，就是小时候自己家里餐桌上最常见的饭菜。那么既然我做了新西兰人家的媳妇儿，自然也要略微地顺从一下新西兰的饮食文化。

新西兰的饮食文化有啥特色呢？我家有这么一个段子：儿子三年级的时候，学校发来课后兴趣班表格，他挑选了"新西兰烹调"这门课外活动。之所以冠名"新西兰烹调"，是因为授课老师是新西兰人。他爹回家听说儿子报了这么个班，打趣说："哦，那这可凑不够一个兴趣班，因为新西兰烹调用一节课就可以教完：'我们新西兰人是这样把牛排放到烧烤炉上的，又是这样打开啤酒罐的。下课！'"

笑谈之余，则很形象地说明，烧烤（Barbeque，简称BBQ）对于新西兰人来说（还有澳大利亚人）是多么家常便饭。于是我这个素食者，研究出来腌制牛排的菜谱，每次烧烤，牛排都是最受欢迎的。2013年圣诞新年假期，我们返乡探亲，在公婆居住的小镇租了一个海滨小院，主办了几场烧烤，大家听说牛排是我腌制的，而且用的牛肉，是他们通常认为不能烧烤的那种，不禁纷纷打探我用的是什么腌汁（marinade），我想了半天，只能告诉他们："就叫做素食者腌汁吧！"

当然，除了腌制的味道之外，烧烤师傅的火候和手艺，也至关重要。我们家那个新西兰人，自封烧烤专家，无论在自己家，还是去朋友家，都会一马当先自告奋勇去充当烧烤师傅，烟熏火燎满头大汗却乐在其中。

（此图来源图库）

（此图来源图库）

原料

- 1000克牛里脊，切成厚度为1厘米的牛排片
- 30毫升鲜榨柠檬汁
- 2瓣大蒜，拍碎
- 15毫升酱油
- 15毫升红葡萄酒（用二锅头代替亦可）
- 15毫升食用油
- 10克百里香
- 10克迷迭香
- 盐和研磨胡椒适量

做法

1）将以上材料置于一只大号密封塑料食品袋里，摇晃均匀，腌制过夜。

2）烧烤炉预热，旺火高温煎牛排，每面各煎2分钟，仅翻面一次即可，注意不要煎过头。牛排按上去柔韧有弹性，内里呈深红色为佳。煎过头的牛排按上去是硬的，吃起来嚼不动。

备注

烧烤聚餐后，牛排倘有剩余，可以做成"费城奶酪牛排三明治"（Philadelphia Cheese Steak Sandwich），方法如下：

1）牛排竖刀切成3毫米粗条，洋葱切丝，车达奶酪划下两片。

2）平底锅热油，先用一边下洋葱翻炒，后用另一边煎牛排，炒洋葱的时间（5分钟）比热牛排（3分钟）的时间长，两样同时取出。奶酪略热一下，将近融化时迅速取出。

3）法棍面包剖半，面包炉里烤3—4分钟。

4）面包涂抹调味番茄酱（ketchup），夹入牛排、奶酪、洋葱即可。

3.烤牛里脊
Roast Beef

这是一道被称为英国国菜的经典西餐菜品，盛行于英联邦国家，是传统的主日（星期日）晚餐主菜，配肉浇汁（见202页）、土豆泥、约克郡布丁（见219页）和蔬菜如胡萝卜或绿豆角来吃。

传统做法是在牛肉进入烤箱之前撒上盐、胡椒和香料，我篡改了一下，提前一天把牛肉腌制好，这样烤出来更入味。

原料

- 牛里脊1500克
- 2只洋葱，切粗片
- 3根胡萝卜，切块
- 4根西芹梗，切粗条
- 1头大蒜，拍碎
- 新鲜或者干香料：迷迭香、百里香、鼠尾草、牛至等
- 50毫升橄榄油
- 1只柠檬，榨汁
- 10毫升白酒（可省略）
- 适量盐和研磨胡椒

做法

1）提前一天用香草料、盐、胡椒、柠檬汁、酒腌制牛肉。

2）提前两小时将腌制好的牛肉从冰箱里取出，烤箱预热到最高温。

3）在一只大型烤盘里，铺上切好的洋葱、胡萝卜、西芹梗和大蒜，淋上橄榄油；牛肉置于菜"床"上，再淋一些橄榄油。

4）烤盘进入烤箱后，立刻将温度调至200度，烤45分钟（六成熟）到1小时（八成熟）。30分钟时，可打开烤箱，将烤出的汁和油脂浇到肉上。如果菜看上去要糊了，可以浇一些水。

5）取出烤盘，将牛肉转移到一只盘子上，搁置15分钟，然后盖上锡纸。烤箱接着烤约克郡布丁，一切就绪后，就可以开饭啦。

步骤图菜品制作、摄影：小巫

4.希腊茄子饼
Moussaka

　　Moussaka这个词来源于阿拉伯语，原意为"冷却的"，因为这道菜在阿拉伯地区的原型就是冷吃的煎番茄和茄子沙拉。不过更负盛名的Moussaka则是热菜，基础原料还是番茄和茄子，加上不同的馅料和浇汁。这道菜盛行于巴尔干半岛与中东，以希腊做法最为流行，有些类似意面千层饼，只是做层面的是茄子而不是意面。

原料

- 500克牛肉或羊肉末
- 3只长茄子
- 2只洋葱，切碎
- 100克面包渣
- 1罐头去皮原汁番茄，搅碎
- 80克法香，切碎
- 5克豆蔻粉
- 2只鸡蛋
- 150毫升橄榄油
- 200毫升白葡萄酒（或清汤）
- 400毫升伯沙玫酱（见41页）
- 200克帕玛臣奶酪，礤末
- 适量盐和胡椒

做法

1）茄子去柄连皮洗净，每隔1厘米削下一长片皮来备用，余者切成0.5厘米的厚长片。茄子片撒上盐，腌30—45分钟，洗去汁，在厨用纸巾上滤干水分。

2）茄子皮与茄子片都双面涂抹上橄榄油，茄子皮置一边备用，茄子片在平底锅里两面各煎2—3分钟，煎软变色为止。取出在厨用纸巾上滤去油分。

3）平底锅烧热30毫升油，下洋葱末翻炒5分钟。

4）下牛/羊肉末翻炒，至变色，颗粒分开。

5）下番茄碎、法香末、白葡萄酒或清汤、一半豆蔻粉，沸腾后转小火焖烧30分钟左右。关火后略为冷却一阵子。

6）鸡蛋将蛋白与蛋黄分离，蛋白用打蛋器用力打散直至略为硬化，与面包渣一起，搅拌入已烹调好的肉馅。

7）将伯沙玫酱倒入打散的蛋黄，加入另外一半豆蔻粉。

8）烤盘里涂抹上橄榄油，将茄子皮贴在烤盘壁上。烤盘底铺一层茄子片，上边铺一层肉馅，根据原料多少与烤盘大小，铺两层或三层都行。最上边铺茄子片，浇上伯沙玫酱，撒上奶酪。

9）烤箱预热至180度，烤盘放进去烤45—60分钟。取出冷却20分钟后，再切成方块来吃。

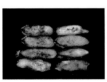   

 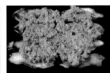  

备注

这道菜还有很多素食版本，茄子片和伯沙玫酱的准备过程都一样，内中馅料则可以变通，有人用豆子，有人用蔬菜，就像意面千层饼一样五花八门。

5.捷克式卷心菜包
Stuffed Cabbage Leaves

原料

- 1棵1000克以上大卷心菜（圆白菜）
- 500克牛肉末（或羊肉末）
- 1只洋葱，切碎
- 1只鸡蛋
- 125克生米或300克熟米饭
- 50克番茄膏
- 50毫升番茄汁
- 15毫升烹调油
- 3克细辣椒粉
- 适量盐和胡椒

做法

1）烧一锅开水，将卷心菜整个放进去，煮3分钟左右，关火，取出冷却。

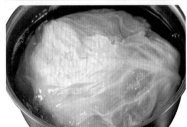

2）等到你的手可以触摸卷心菜时，将菜叶整片剥下，一共剥12—16片，将菜叶根部粗硬的茎切下。

3）将肉末、洋葱末、鸡蛋、米或米饭、番茄膏、细辣椒粉、盐和胡椒搅拌均匀。

4）在每片菜叶上平均地码放一些馅料，将菜叶像包裹一样卷好。如果不能服帖，可以考虑用细线捆绑。

5）将菜叶切下的茎剁碎，均匀地铺在烤盘底部。将卷心菜包码放在菜末上，只码放一层。

6）将番茄汁浇在卷心菜包上。如果是生米，则需要再加上200毫升的水。

7）烤炉预热到180度，烤盘盖上锡纸，烤1—2个小时。

6.羊肉烩土豆
Aloo Gosht

爱上印度菜是在美国生活期间。说来有趣，我在Rutgers念书的时候，有中国同学跟印度留学生一起租用宿舍，每当晚饭时，这些中国同学都会来我们这些纯中国留学生宿舍里"避难"，说是忍受不了印度室友做饭时的味道，当时我还以为印度饭有多难吃呢！到后来吃过一次，居然就死心塌地地爱上了这方饮食。

提起印度菜，大家第一反应就是咖喱。但是大部分人并不知道咖喱是什么，甚至不少人误以为咖喱是一种像花

原料

- 1000克瘦羊肉，切2厘米块
- 1只洋葱，切碎
- 500克土豆，切滚刀块
- 2只番茄，去皮切碎
- 2瓣大蒜，拍碎
- 15毫升烹调油
- 2片肉桂叶
- 10克香菜籽粉
- 5克孜然粉
- 3克姜黄粉
- 600毫升清汤
- 适量盐和香菜末

    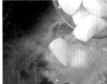

椒那样的单品调料。实际上，咖喱是一种复合调料，是多种原料搭配在一起的调味品，而且搭配方式根据不同菜的口味可以千变万化。

绝大多数市场上出售的咖喱都不是正宗的咖喱，因此我坚持在家里自制咖喱粉（见240页）。一天，我的一位印巴混血女友来家里取东西，看到我正在准备做这道羊肉烩土豆，惊叹道，哇，Aloo Gosht，这是我们印度和巴基斯坦人的"主食"（staple food）！她闻了闻我配制的咖喱粉，赞许地说，很正宗！

做法

1） 炒菜锅里油烧热，下洋葱末、肉桂叶和蒜末翻炒10分钟左右。

2） 下羊肉块翻炒5分钟，直至肉全部变色。

3） 下香菜籽粉、孜然粉、姜黄粉，翻炒3分钟左右。

4） 下番茄末和清汤，烧开后转小火，烹调1小时左右。

5） 下土豆块和盐，继续烹调20分钟左右。

6） 吃的时候撒上香菜末。

7.牧羊人馅饼
Shepherd's Pie

　　虽然英国饮食备受世人诟病和讥笑，但有几样吃食还是举世闻名的，牧羊人馅饼可谓英国饮食的代表作之一。其实"派"（pie，馅饼）这种吃食本身就在英联邦国家比较盛行，我在新西兰旅游时，咖啡馆里供应最多的就是各种馅料的派。但传统的派都是把馅料包裹在油酥面皮里，牧羊人馅饼源于19世纪，是最早出现的不用油酥面皮的馅饼。

　　牧羊人馅饼是用羊肉末做的，如果用牛肉末，就叫做cottage pie"农家乐馅饼"。

原料

- 700克土豆，去皮切四瓣
- 500克羊肉末
- 1只洋葱，切碎
- 1根胡萝卜，切碎
- 1根西芹梗，切碎
- 15克黄油
- 50毫升烹调油
- 15克面粉
- 180毫升鸡汤或开水
- 5克干迷迭香
- 5克干百里香
- 3克豆蔻粉
- 盐和研磨胡椒适量

做法

1）土豆煮熟，加入黄油、盐和胡椒，做成土豆泥。（见201页土豆泥做法）

2）烤箱预热200度。深度平底锅热油，下洋葱碎、胡萝卜碎和西芹碎，小火翻炒10—15分钟，至蔬菜柔软，注意不要炒焦。

3）转中火，下羊肉末翻炒5—10分钟；用勺子盛出额外的汁液。

4）拌入面粉，搅拌2分钟，下鸡汤或开水，以及干香料，转小火烹调5分钟左右，至主料变浓稠。

5）将羊肉末倒入烤盘，上边覆盖土豆泥，再撒一层黄油粒。

6）放入烤箱烤30—35分钟，至土豆泥略呈焦黄色。

备注

如果家里有剩余的波罗乃兹酱和土豆泥，不妨叠加一起，放进烤箱，瞬间变身成为cottage pie！我就这么给孩子变过魔术。

8.肉糕 Meatloaf

8人份主菜端上餐桌，满座皆惊，赞不绝口，而主厨身上连一丝油烟味都没有。

我把这道菜谱口述给念念妈，她尝试之后发了一条长微博：

从小巫老师那里讨来了备受欢迎的肉糕的方子，窃喜之后赶紧试验。制作的时候才发现家里原料不全。嘿嘿，这可难不倒在厨房经营多年的资深主妇。没有欧芹？那就用罗勒吧。没有胡萝卜？那用山药。没有面包片？那就把乔瓦娜同学送给俺滴皇家布里欧修和婆婆蒸的馒头来个混搭。

俺再做肉糕的时候，婆婆一边看一边帮着我洗切原料，有婆婆的帮助就是好哇，很快就完成了坯体制作。在等待烤箱烤制的时间里，婆婆一次又一次地

Loaf类食品是西餐里历史比较悠久的菜品，据说早在公元五世纪就见诸文字记录，发祥地在德国和比利时。对我来说，这是一道惠而不费的菜，只需将原料混合均匀，放入烤盒，剩下的任务就让烤箱完成。这可以算是西方主妇当得轻松的典型范例吧。主妇从容优雅地捧着一杯葡萄酒，仪态万方地和客人谈吐说笑，不一会儿，烤箱铃响，主妇变魔术一般将一道

说，真香啊。那香味儿也勾搭得素食半月的我直流哈喇子。外出玩耍回来的儿子一进门第一句话就是：妈妈好香啊。哇哈哈哈哈。

肉糕出炉的时候，俺老公，儿子和婆婆都没来得及等它晾凉，就给切切吃了。我只留下了肉糕在烤箱里面的倩影。老公在吃的时候也来了个混搭，把切片肉糕夹在馒头里面吃。边吃边说："这个可以保留。"连婆婆那么内敛的人都说这肉糕好吃极了，要求俺过几年还做。

最后俺也没忍住，吃了四分之一下去，素食生活正式结束。这几天每次问儿子想吃啥饭，儿子就说要吃肉饼（小伙子管肉糕叫肉饼）。

直到肉糕吃完，俺身上一点油烟味儿都没有呢，淡定从容优雅啊。既快手又好吃，还能在关键时刻像变魔法一样从烤箱里面变出来呢，怪不得老公惊叹：你今天这饭做得可真轻松啊。

看来这肉糕中外通吃，老少咸宜啊！

原料

● 500克瘦牛肉末

● 500克猪肉末

● 1只洋葱，切碎

● 2根西芹梗，切碎

● 1根胡萝卜，切碎

● 30克新鲜法香，切碎

● 150克快餐燕麦片

● 50克面包屑

● 5克百里香

● 3只鸡蛋，打散

● 50毫升调味番茄酱（ketchup）

● 盐和研磨胡椒适量

做法

1）烤箱预热180度。将所有原料混合在一起，用手揉拌均匀，放到涂抹了油的长方形loaf烤盒里，如果没有这样的烤盒，就用手将原料做成椭圆形，放入烤盘。烤盘下垫一张烘焙纸，烤60—75分钟。

2）烤好后，丢弃多余的油脂，待15分钟之后再切成厚片吃。

备注

素食者请参见172页"菜糕"的做法。

9.烤鸡 Roast Chicken

（此图来源图库）

近些年来，烤鸡这种舶来品逐渐进入了我们的家庭生活，满大街都可以找到小型的烤鸡店或者作坊。一般市场上卖的鸡，我们不大放心吃，因为是工业化快速催熟的，怕含有很多激素和药物。我们一般买有机的鸡，不过价格昂贵，不能常吃。

烤鸡其实很简单，一只鸡，做好皮毛内脏的处理，洗干净，用厨房纸巾蘸干水分，调好自己喜爱的酱汁，在鸡的身上涂抹均匀，腌上几个小时。

烤箱预热到230度，把鸡放在烤架上。我们家的小烤炉里是一条横贯的金属细杆，穿过鸡，架在烤炉正中。这里注意要在烤炉底部铺一张锡纸，接着滴下来的油，用来做肉浇汁（见202页）。

高温烤15分钟左右，鸡皮会烤得焦脆，待会儿餐桌上全家人都要抢着吃它。然后将温度降到180—200度，继续烤。有机的童子鸡，一般都很小，2斤左右，烤30—40分钟就好了。

借着烤鸡这一节，介绍一下美国人的感恩节大餐。每年的感恩节，我都要给家里和来家里做客的朋友，扎扎实实地做上一满桌子。

感恩节的日子是每年11月份最后一个星期四，它也是庆祝丰收的节日，并没有什么特别高贵典雅的食品，而是非常实在的农家土饭，并且以美洲本土的植物为主。

众所周知，感恩节大餐里，烤火鸡是绝对的主角，配以肉浇汁和越橘酱（cranberry sauce）。火鸡肚子里跟着一起烤stuffing（填料），传统的做法以面包为主，有时还含有栗子。其他配菜包括南瓜汤、土豆泥（也配以肉浇汁）、玉米面包、煮甜玉米（蘸黄油）、煮红薯、蔬菜沙拉、煮蔬菜（常见者包括四季豆、胡萝卜、西葫芦、豌豆、蔓菁），等等；餐后甜点常见南瓜派、苹果派、山核桃派。总之很顶饱很实惠。我在美国时，每年的感恩节大餐，都从下午4点左右开始吃，中午不用吃饭了。

10.坦都里烤鸡
Tandoori Chicken

    坦都里烤鸡源自印度和巴基斯坦，却深受西方人欢迎。一说是因为印度首届总理尼赫鲁特别钟爱这道菜，将其纳入接待来宾的国宴菜单里。正宗坦都里烤鸡应该在传统土炉，也就是称作"坦都尔"的里边烤。但咱们没有那种炉子，只能在烤箱里复制次正宗版。另外，正宗菜谱里要求鸡肉去皮，我们家则保持鸡皮，把部分调料塞到鸡皮和鸡肉之间腌制，连皮一起烤，孩子们很喜欢烤得酥脆的鸡皮。

原料

- 4大块剔骨鸡腿或鸡胸，大约1000克

- 150毫升原味酸奶

- 5克咖喱粉

- 5克生姜末

- 5克辣椒粉

- 5克姜黄粉

- 5克香菜籽粉

- 20毫升鲜榨柠檬汁

- 15毫升烹调油

- 盐适量

- 阔叶生菜，洗净甩干

做法

1）鸡肉洗净，厨房用纸蘸干水分，用刀在每块肉上切两道口子。

2）在一只碗里，将酸奶、咖喱粉、姜末、蒜末、姜黄粉、辣椒粉、香菜籽粉、柠檬汁、盐和食用油搅拌均匀。

3）将腌制酱汁涂抹到鸡肉上，腌制至少3个小时。

4）烤箱预热至250摄氏度，鸡肉置于烤盘内，烤25分钟左右。

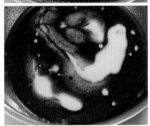

5）生菜叶码放在盘子里，烤鸡置上，可以帮助吸走过多的油脂。

11.玉米鸡煲
Chicken Corn Stew

原料

- 1500克鸡，切成琵琶腿大小的块
- 3只洋葱，切碎
- 1只绿色灯笼椒，去蒂去籽切碎
- 1罐头去皮番茄碎
- 300克甜玉米粒
- 200克鲜蚕豆
- 250毫升白葡萄酒
- 500毫升鸡汤或开水
- 30克新鲜法香，切碎
- 60毫升橄榄油
- 20克面粉
- 5克细红椒粉
- 适量盐和研磨胡椒

做法

1）鸡块洗净，用厨房纸巾蘸干，涂抹盐和细红椒粉。

2）平底炒锅里热油，分批次下鸡块，煎至表皮焦黄，取出待用。

3）转小火，下洋葱碎和绿椒碎，翻炒10分钟左右。

4）下番茄碎、法香末、葡萄酒、鸡汤或开水，烧沸。

5）将2和4倒入沙锅中，烧开后转小火，盖盖烹调30分钟左右。

6）下玉米粒和鲜蚕豆，半开盖继续烹调30分钟。撇去浮沫和表层油脂。

7）面粉和适量水混合成面团，锅内取出150毫升的汁液，于面团逐渐搅拌均匀，再倒回锅内，下盐和研磨胡椒，5分钟后关火。

备注

这道菜最好的搭配是司康（scone），见218页做法。

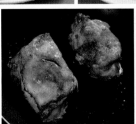

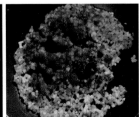

12.北非小米配烩肉
Couscous

　　第一次听说couscous，是在我喜爱的美国科幻电视连续剧《星际迷航——九号太空站》（Star Trek: Deep Space Nine）里，一个操英国口音的帅哥说他爱吃couscous。听到这么可爱的名字，我立刻找到这盛行于中东和北非各国的主食，也立刻喜欢上了它。中文叫它"北非小米"，其实它形似小米却并非小米，而是粗麦粉。1995年，丈夫跟我第一次约会，这第一顿饭吃的就是couscous，在北京三里屯的一家小小餐厅，当年大概是唯一一家提供couscous的餐厅，现在早已不见踪影。

　　不过，近些年在北京吃到couscous已不是难事，很多地方都能买到即食couscous。最令我欣慰的是，我的两个孩子都特别喜欢吃它。

　　Couscous是一种主食，可以搭配很多款菜，也可以掺在沙拉里。但是它比较干，需要很多汤汁才好吃。

原料

● 1000克羊肉，切1.5厘米块

● 500克白萝卜，切0.5厘米厚、3厘米长条

● 500克胡萝卜，同上

● 500克西葫芦，同上

● 500克土豆，同上

● 1只洋葱，切片

● 1罐头鹰嘴豆

● 1罐头去皮番茄，搅碎

● 150毫升番茄汁

● 10克姜，切片

● 1500毫升开水

● 5毫升姜黄粉

● 5毫升孜然籽

● 5毫升藏红花

● 5毫升细辣椒粉

● 50克新鲜法香，切碎

● 适量盐和胡椒

● 300克即食couscous

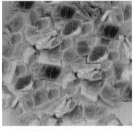

做法

1）羊肉和冷水煮开，浸2分钟，将血沫煮出来，撇去浮沫，倒掉汤。

2）用一只大沙锅，倒入1500毫升开水，下羊肉、洋葱片、姜片、姜黄粉、孜然和藏红花，煮开锅后，转小火继续烹调45分钟。

3）下番茄泥、番茄汁、鹰嘴豆、胡萝卜条和白萝卜条，烹调10分钟

4）下西葫芦条和土豆条，继续烹调10分钟，直至所有蔬菜煮熟。关火，撒入盐和胡椒。

5）在一只小汤锅里，盛入300毫升刚才煮好的肉汤，淋入10毫升橄榄油、适量盐，倒入即食couscous，盖上锅盖，等3分钟。而后将锅坐在小火上煮3分钟，用叉子搅拌散couscous颗粒。

6）如果喜欢吃辣味的，可以用一只小碗，盛一些汤，撒入细辣椒粉。

7）吃的时候，每个人的盘子里盛一些couscous，将肉和菜码放其上，再浇入一大勺汤汁，撒上法香末。喜欢汤汁的，可以多盛汤。

13.美式墨西哥玉米馅饼
Burritos

这道菜的名称含了两个国家，又是墨西哥，又是美式，因为它起源于墨西哥，但又因为美国拥有大量的西班牙语裔人（Hispanics），中美南美菜很盛行，也难免入乡随俗，有了一些改变。传统的burritos只是玉米薄饼裹住米饭、肉和豆子，美式的则加入了好多蔬菜，我觉得更加健康，就给家人按美式的做。

玉米馅饼的圆薄饼，是源自美洲的tortilla，据说都有上万年的历史了。它的原料是玉米粉和鸡蛋，后人也有掺加白面粉制作的，有些类似中国的春饼。Tortilla在美国的流行度，超过了任何其他外来面包类，包括贝谷圈、披塔饼和英式麦芬饼。

Tortilla饼烤脆了，就成了taco，脆饼弯成两个半圆夹着同样的馅料，又是一种味道。

记得三毛在《万水千山走遍》这本记录她游历南美诸国的书里说，每天在街头吃的就是taco塔哥，到最后她都吃腻了。她把塔哥饼称为"抹布"，每顿饭就是一个大妈往她手里拍一块抹布，再往抹布上倒一勺如糨糊般的馅，说得人觉得这玩意儿真难吃。当然，如果不是每天每顿都吃，它还是很好吃的。

我在美国做这道菜时，一般都买现成的tortilla饼，现在国内超市也有卖的。TGI星期五餐厅的一道菜fajitas，用的也是tortilla饼。当然，用功的妈妈们完全可以自己做，跟春饼差不多，只是主料为玉米粉。唯一需要注意的是这些饼必须时刻保持温热，不能晾凉了，不然就硬得难以下咽。

原料

- 1只洋葱，切碎
- 2根西芹梗，切碎
- 300克牛肉末
- 500克煮熟红腰豆
- 250毫升番茄酱
- 50毫升烹调油
- 5毫升孜然粉
- 3毫升墨角兰粉（marjorim）
- 适量盐和胡椒

- 2只红番茄，切碎
- 1只绿灯笼椒，切碎
- 1只洋葱，切碎
- 1只莴苣（生菜），切丝
- 500克车达奶酪，礤丝
- 20张玉米薄饼

做法

1）平底锅里油烧热，下洋葱末和芹菜末翻炒3分钟。

2）下牛肉末翻炒5—8分钟，直至牛肉末全部变色、分离。滗掉多余的汁。

3）下番茄酱、红腰豆、干香草，小火烹调15分钟左右。

4）吃的时候，将馅料放入玉米饼里，上边酌量码放生菜丝、番茄碎、灯笼椒碎、洋葱末和奶酪丝，卷起来即可。

备注

Tortilla在西班牙语的发音，双l发y的音，所以念"tortiya"。西班牙语j发h的音，fajita念fahita。如果用外语点餐，别念错了。好莱坞有个明星叫Joaquin Phenix，所有中国媒体都叫他"乔昆"或者"杰昆"，这是用英语发音规律去念西班牙语的名字（他出生在南美），他的名字其实是"华金"。

14.墨西哥微辣烩豆
Chilli con Carne

　　这又是一道风靡美国的中南美洲菜，原样就是带肉的（con carne的意思就是with meat）。不过，我第一次吃到它，是素食的那种，觉得很好吃。后来吃到肉食的正宗原样，反而觉得不如素食的好吃。如今我是纯粹的素食者，给家里人都做素食那种，还可以任意发挥调配蔬菜。只是读者中肯定有无肉不欢者，那么两样都介绍吧。

做法

1）深层平底锅里烧热油，下洋葱末和蒜末翻炒3—5分钟。

2）下牛肉末翻炒，直至变色，颗粒分离。

3）下红腰豆、灯笼椒、番茄泥、干香料，沸腾后转小火，焖烧30分钟左右。

4）搭配米饭、玉米薄饼或意粉吃皆可，吃的时候撒上奶酪丝和法香，也可以配一勺酸奶油。

原料

- 500克牛肉末

- 1只洋葱，切碎

- 2瓣大蒜，拍碎

- 1罐头去皮原汁番茄，搅碎

- 2只绿灯笼椒，切细丁

- 2罐头红腰豆

- 1片肉桂叶

- 10克辣椒粉（chilli powder）

- 5克孜然粉

- 30毫升烹调油

- 100克车达奶酪，礤丝

- 100毫升酸奶油

- 适量盐、研磨胡椒、新鲜法香末

- 配菜的米饭、玉米薄饼（tortilla）或者意粉

15.金枪鱼煲
Tuna Casserole

Casserole来自法语，是一种煲，它既是烤箱里煲菜的锅，又可以煲好后直接端上桌子吃，不用置换器皿。即便在西方，也有很多人弄不清楚stew和casserole之间的区别，最简单的划分就是：stew是在炉子上炖的，成品较多汤汁；casserole是在烤箱里煲的，没有很多汤汁。Casserole本意是指这种做菜方式的特殊器皿，但在大部分英语国家，这个词的含义更是指做的菜。

金枪鱼煲在西方很流行，有多种版本。我在罗列原料时，加入了一些可替代品。大部分菜谱都用现成的罐头奶油蘑菇汤，我这里是从头开始做的版本。如果你家里有现成的奶油蘑菇汤（见40页），那么不妨直接拿来用。

原料

● 3—4罐头金枪鱼，滗掉水，叉成块

● 200克鸡蛋面条/曲通粉，煮至六成熟

● 100克白蘑菇，切片

● 半只洋葱，切碎

● 半只绿色或红色灯笼椒，切碎

● 30克法香，切碎

● 150克干面包渣/苏打饼干渣/玉米片（碾碎）

● 100克黄油

● 100克车达奶酪丝

● 600毫升牛奶

● 60克面粉

● 适量盐和研磨胡椒

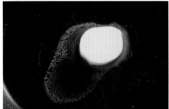

做法

1）中号不锈钢汤锅坐热，融化60克黄油，下洋葱碎、灯笼椒碎和白蘑菇片翻炒5分钟左右。

2）下面粉翻炒1分钟，逐渐加入牛奶，频繁搅拌，至沸腾，转小火炖10分钟左右。

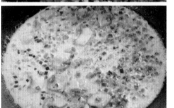

3）关火，下车达奶酪丝和金枪鱼，搅拌到奶酪丝融化、金枪鱼热透。

4）下面条、法香碎、盐和研磨胡椒，搅拌均匀。

5）烤箱预热至190度。将原料倒入刷了油的烤盘（煲），上边均匀地铺上面包渣（或苏打饼干碎或玉米片碎）和剩余的黄油（融化好）。

6）烤30分钟，至表面变色。

16.香葱莳萝烤三文鱼
Dill Baked Salmon

在我看来，三文鱼属于鱼中的上品，既香醇可口又营养丰富，而且老少咸宜，因为它鱼肉丰厚没有什么刺。火候掌握得好，入口即化，唇齿留香。10来个月大的小婴儿就可以吃三文鱼了，我家两个孩子都是婴儿期接触三文鱼，是他们最喜欢吃的鱼。

三文鱼很容易烹调，熟得很快，所以要注意不要烹调过了头，否则会变得很硬，吃在嘴里像嚼木屑。这道菜经过我们家十几年的经验，不仅自家常吃，也已经成为招待朋友的保留节目。

原料

- 300克三文鱼中段
- 3根香葱，切段
- 3根鲜莳萝 (dill)，切段
- 适量盐、酱油、二锅头

做法

1）三文鱼去刺洗净，用餐纸蘸干，用刀在鱼肉上切几道，涂抹一些盐。

2）三文鱼放在锡纸上，将葱段、莳萝段围绕着码放，并镶嵌于切口处，洒上酱油、料酒，包好，腌一两个小时。

3）烤箱预热至220℃，放入锡纸包好的三文鱼烤10分钟。温度降至150℃，烤10分钟。

备注

1）如果买不到鲜莳萝，可以用超市里卖的小瓶装干莳萝粉。实在什么形状的莳萝都买不到，用姜丝、香菜等常见的调味品代替也可以。

2）此种烤鱼做法也适用于其他鱼类，调料也可以随意搭配。锡纸包烤的特点是保留所有水分，这样烤出来的鱼类似清蒸，但是比清蒸省事。

3）另外一个烤法是不用锡纸包裹，在烤盘里涂抹一些油以防粘底，将鱼块放进烤盘，直接放入烤箱里烤。这么干烤出来，又是一种味道。

17.藏红花/姜黄粉煎三文鱼
Cha Ca Salmon

菜品制作：小巫、Miranda　摄影：小巫

　　这道菜是我们家的又一传统保留节目。这是我从越南河内的一家餐厅里得来的灵感，这家餐厅非常有名，叫做Cha Ca La Vong，大家可以在网上搜到关于它的信息。Cha ca在越南话里就是烤鱼的意思。多年前，还没生孩子时，我和老公去那家鱼餐厅吃过一次午饭（现在已经火爆得排长队，而且还有很多模仿者餐厅）。这家餐厅

没有菜单，只提供一道菜：锅仔烤鱼。一只炭火炉，一只平底锅，一份新鲜河鱼，海量绿色配料（小葱和莳萝为主），加上诸多调味品，包括姜黄粉、花生碎、鱼露、小米辣、青柠、罗勒、香菜、甜酸或酸辣蘸汁，等等。这道菜属于那种吃过之后令人没齿难忘、时时怀念、手痒欲仿的超级美食，回来后我发明了自己的仿制版本，既简便易行，又广获好评，属于不吃力却讨好的事儿。

原料

- 500克新鲜三文鱼中段
- 30克藏红花粉，或者姜黄粉
- 200克莳萝，洗净切段
- 200克香葱，洗净切段
- 30克生姜，切丝
- 15毫升二锅头（或其他清香型白酒）
- 15毫升酱油
- 30毫升食用油
- 盐和胡椒适量

做法

1）三文鱼剔刺去皮洗净蘸干，切成3—4厘米见方的大方块，用藏红花粉或者姜黄粉，和盐、酱油、白酒、姜丝一起，腌制至少两个小时。

2）平底锅烧热，下油，油温适度时，下三文鱼煎。注意新鲜三文鱼遇热极易松散，不要翻得过勤，煎好一面后再翻。

3）三文鱼煎到一定火候，其中的油会溢出来，这时下莳萝和小葱，利用三文鱼的油小心翻炒。用炒铲切开其中的鱼块检查，一旦全部变色即关火，以免烹调过度。

备注

这道菜会有一些三文鱼油和蔬菜水分混合的酱汁，我有时会用白水煮一些新鲜小土豆，蘸着鱼汁吃，非常美味。

18.烩鱼 Fish Stew

原料

● 1000克去皮去骨刺净鱼肉，切2厘米见方
大块

● 500克白蘑菇

● 2罐头去皮原汁番茄

● 100克法香，切碎

● 50克莳萝，分段

● 10克面粉

● 50毫升鲜榨柠檬汁

● 100毫升水

● 15克黄油

● 适量盐和胡椒

做法

1）将鱼块、整只白蘑菇、番茄、法香末、盐和胡椒略微搅拌，放入一只烤盘。

2）将面粉搅入略为融化的黄油，一只小锅里，小火将柠檬汁和水烧热，慢慢加入黄油和面粉的混合物，直至搅拌均匀。

3）将汁浇入鱼盘，均匀地码放莳萝段，用锡纸盖严烤盘，上边用叉子戳几个小孔。

4）烤箱预热至180度，烤盘放进去，烤30分钟。

19.烤鱼 Grilled Fish

西方人吃鱼的习惯跟中国人不一样，他们几乎从来不吃整条鱼，更不要提吃鱼头鱼尾，即便吃中段，也要把鱼骨鱼刺剔得干干净净，生怕卡着。一条鱼仅取fillet（法语"窄条"的意思），也就片下两边比较完整的鱼肉来，像鲈鱼意面（见88页）里那样，剩下的统统扔掉。我在《小巫旅游蜜语》里写过我去参观悉尼海鲜早市，看见工人在片鱼肉，无论多小的鱼，只取两边的肉，有时就取那么一小口，鱼的绝大部分都弃之不用，觉得和杀鹅仅为取鹅掌有得一拼，真是暴殄天物。

不过，也有例外的时候。烧烤聚餐，有时会烤上一整条鱼，用的调料也不多，就是在鱼身上划几道口子，涂抹上盐和胡椒，烤熟后再挤上柠檬汁，就很鲜美可口了，有时也可以蘸一些酱料来吃。

如果自己家里有烤箱，可以在烤架上制作这种烤鱼，每面烤10—12分钟。

菜品制作：彭菊珍

20.比萨 Pizza

相比起汉堡、炸鸡和三明治等大众化西餐（快餐），pizza走入中国国门好像比较晚，1990年必胜客正式在中国开业，中国人算是正式认识了它，虽然必胜客的pizza并不正宗。这些年，意大利餐馆遍地开花，正宗美味的pizza也进入了我们的日常生活。

无论中国还是西方，只要不是对面粉和乳制品过敏，所有的孩子都爱吃pizza。所以，这本书如果不把pizza包括进来，就十二万分地对不起读者。

意大利对世界最大的贡献之一就是它的美食，风靡全球的又以pizza为代表作。那不勒斯是pizza的发祥地，我有幸去那里品尝过最正宗最传统的

pizza。有一本畅销书，原名是Eat Pray Love（吃、祷、爱，汉译《一辈子做女孩》），作者写她在三个名字以字母I为首的国家寻找自我、净化灵魂的历程。意大利那一段，看得我馋涎欲滴，她写的罗马游历，都是我曾经去过的地方、品尝过的美食。尤其是作者写她和一位瑞典女友专程去那不勒斯吃pizza，在意大利人公认"世界上最好吃的pizza"店里，两个人被那正宗pizza的美味迷惑得神魂颠倒，几乎落泪。我也去过那不勒斯，也吃过那里最正宗的pizza！

这里想告诉读者：最好吃最正宗的pizza是正宗意大利餐厅里，用传统壁炉烤出来的薄饼pizza。

我们喜欢在家里做pizza，因为孩子们可以齐上阵，往饼上码放自己喜欢的toppings。下边的菜谱是我们在家里试验了多次，总结经验和教训，摸索出的一套方法，大人孩子包括来吃过的客人都很喜欢。读者们可以根据自己家里的条件，调整做法。

原料

● 面粉

● 油

● 去皮原汁番茄，搅碎，或番茄酱（tomato puree）

● 蒜

● 牛至粉

● 新鲜罗勒，切碎

● 蔬菜（胡萝卜、洋葱、蘑菇、西蓝花等），切好，炒熟

● 肉类（火腿、萨拉米、香肠、培根、烟熏三文鱼）

● 马祖里拉奶酪，礤丝

做法

1）做发面团。揉面的时候掺进去15毫升油，多揉5分钟。发酵前，面团上淋油，盆里涂抹油。总之，让面团裹好油再发酵。

2）做面饼。面做团，撒上薄面，醒1个小时。擀饼时再掺10毫升油，根据烤箱大小，擀成薄薄的饼。注意饼在烤箱里还会膨胀一些。

3）因为没有托铲，自己发明一个办法，能把带着所有馅料软软的饼放进烤箱里。面饼上用叉子戳几个小洞，在平底锅里先用一点点油略微烙1分钟。

4）饼上均匀地淋30毫升油，撒牛至末，涂抹掺好了罗勒末的番茄泥/酱，上边按顺序码放蔬菜、肉类和奶酪，奶酪要覆盖住整个面饼。如果是烟熏三文鱼，等pizza快烤好的时候再放。

5）烤箱预热到230度，面饼放进去烤10—15分钟，至奶酪全部融化、冒泡、带有烤焦的部位。

6）如果不吃带番茄酱的，则省略这一步。还有些馅料可以码放在奶酪上方。

素食篇

21.土豆烩菜花
Potato and Cauliflower

原料

- 300克土豆，去皮切1厘米见方的小方块
- 300克花椰菜，掰成小块
- 5克姜末
- 5克蒜末
- 5克孜然粒
- 3克姜黄粉
- 5克香菜籽粉
- 100毫升开水
- 15克香菜，切碎
- 15毫升食用油
- 盐适量

做法

1）炒锅坐热下油，油热后，下孜然籽，待其变色。

2）下土豆块翻炒，下姜末和蒜末一起翻炒，至土豆变色。

3）下菜花和土豆一起翻炒，加入姜黄粉、香菜籽粉，炒匀。

4）加入开水和盐，炖到水收干，菜已经软熟。

5）吃之前撒入香菜碎。

22.法国烩菜
Ratatouille

　　这道来自法国南部普罗旺斯省的菜，原本已经享有盛誉，又因美国同名动画片《料理鼠王》备受瞩目。当发现我身边的孩子（不止是我们家那俩）都喜欢吃时，我真是心花怒放：全不费力就让他们乖乖吃下这么多种蔬菜，这简直是白捡来的便宜！虽说正宗的原料是茄子、灯笼椒、欧式西葫芦、洋葱，它也可以变通，家里有什么菜，就随手放进去吧。关键之处在于香料：一定要找到牛至（oregano）和罗勒。

原料

- 3根长茄子，切1厘米见方的丁
- 2根绿色欧式西葫芦（zucchini），切厚片
- 2根黄色欧式西葫芦（squash），切厚片
- 红、黄、绿色灯笼椒各1只，用手掰成片
- 2罐头去皮原汁番茄，搅碎（或用1斤新鲜番茄，去皮切碎）

- 1只洋葱，切碎
- 4瓣大蒜，拍碎
- 100毫升橄榄油
- 10克牛至
- 10克罗勒（干鲜皆可）
- 适量盐和研磨胡椒

做法

1）用一只不锈钢大汤锅，下30毫升橄榄油烧热，下洋葱末和蒜末翻炒3分钟。

2）下茄子丁翻炒，边炒边淋上40毫升橄榄油，直至茄子略微炒软。

3）下西葫芦片、灯笼椒片翻炒，再淋上剩余的30毫升橄榄油，以免粘锅。

4）下番茄碎和干香料，翻拌均匀并煮沸后，转小火，炖15分钟左右。蔬菜虽然熟透但尚未变得塌软，而是尚存清脆口感。

5）关火，撒上盐和胡椒，吃的时候可以配一些新鲜罗勒，也可以配酸奶油。

备注

1）这道菜一定要用有深度的不锈钢汤锅来做。我的两个朋友曾经回家尝试，皆以失败告终。总结教训时发现她们用的是中式炒菜锅，不能留住汤汁。

2）注意菜不要烧塌了，这道菜的特点之一就是红红绿绿黄黄紫紫的鲜艳颜色。

23.摩洛哥式蔬菜塔金
Vegetable Tajine

菜品制作、摄影：小

　　沙锅这种用陶土烧成、保温入味省燃料的慢炖式器皿，在世界各地都可见到变异品种，在北非摩洛哥一带，就是戴着尖帽子的"塔金"，可以用来炖肉，也可以用来炖菜。想品尝这种美食，倒不必特地去买一只塔金，用不锈钢大汤锅做也可以。做好的菜，配北非小米或者白米饭吃，都成。

原料

- 2只茄子，切1厘米丁

- 1只欧式绿西葫芦，切1厘米丁

- 1只洋葱，切丝

- 250克白蘑菇，剖半

- 300克小土豆，一剖四

- 3瓣大蒜，拍碎

- 1瓶（720毫升）稀番茄泥（passata）

- 1罐头（400克）鹰嘴豆

- 60毫升橄榄油

- 15克香菜籽粉

- 15克豆蔻粉

- 10克姜黄粉

- 10克孜然籽

- 30克新鲜香菜，切碎

- 适量盐和研磨胡椒

做法

1）茄子丁和西葫芦丁撒上盐，腌半小时，洗去涩水，用厨房纸巾蘸干。

2）烤箱上管预热至200度。茄子丁和西葫芦丁平铺在烤纸上，拌入30毫升橄榄油，烤20分钟。

3）与此同时，不锈钢汤锅坐热，倒入30毫升橄榄油，下洋葱丝和蒜末翻炒5分钟。

4）下蘑菇翻炒5分钟，下香料翻炒1分钟，再下土豆块翻炒3分钟。

5）倒入稀番茄泥和大约150毫升的开水，沸腾后盖上锅盖，转小火炖10分钟左右。

6）下茄子丁、西葫芦丁、鹰嘴豆，半敞锅盖炖15分钟。

7）关火后撒入盐、研磨胡椒和香菜末。

24.墨西哥素烩豆
Vegetarian Chili

原料

- 1只洋葱，切碎
- 2瓣大蒜，拍碎
- 1只绿灯笼椒，掰成片
- 3根西芹梗，切丁
- 2根欧式西葫芦，切0.3厘米厚半圆片
- 2根胡萝卜，同上
- 200克白蘑菇，同上
- 2罐头红腰豆
- 1罐头去皮原汁番茄，搅碎
- 2根玉米，煮熟后剥下玉米粒

- 1片肉桂叶
- 10克辣椒粉（chilli powder）
- 5克孜然粉
- 5克香菜籽粉
- 50毫升烹调油
- 适量盐、研磨胡椒、新鲜法香末
- 配菜的米饭、玉米薄饼（tortilla）或者意粉

做法

1）不锈钢大汤锅烧热油，下胡萝卜片煎炒3分钟左右。

2）下洋葱末和蒜末翻炒，至炒出香味。

3）下西芹丁、西葫芦片、蘑菇片翻炒2分钟。

4）下番茄泥、红腰豆、干香料，沸腾后转小火，焖烧20分钟左右，至蔬菜煮熟但不要煮软，菜还有一些脆性。

5）快煮好的时候，下玉米粒。

6）配米饭、玉米薄饼或意粉吃，吃的时候撒法香末。

25.墨西哥素玉米馅饼
Vegetarian Tacos

原料

- 1只洋葱，切碎
- 2根西芹梗，切碎
- 2根胡萝卜，礤丝
- 850克（2罐头）煮熟红腰豆
- 250毫升番茄酱
- 50毫升烹调油
- 10克孜然粉
- 适量盐和胡椒
- 2只番茄，切碎
- 1只绿灯笼椒，切碎
- 1只洋葱，切碎
- 1只莴苣（生菜），切丝
- 500克车达奶酪，礤丝
- 20张Taco玉米壳

做法

1）平底锅里油烧热，下洋葱末翻炒5分钟。

2）下芹菜末、胡萝卜丝翻炒5分钟。

3）下番茄酱、红腰豆、孜然粉，小火烹调15分钟左右。

4）烤箱预热150摄氏度，吃之前，将玉米壳烘烤5分钟。

5）吃的时候，将馅料放入玉米壳里，上边酌量码放生菜丝、番茄碎、灯笼椒碎、洋葱末和奶酪丝。

步骤图菜谱制作：小巫、Miranda　摄影：小巫

26.蔬菜奶酪烤米饭
Green Rice Bake

米饭可以算是东方人的专利了，成为西餐桌上的常客也就是最近几十年的事情。这道菜明显是东菜西吃，吃惯了炒菜配米饭的读者，不妨换换口味。

原料

- 350克长香米
- 500克菠菜（或其他绿色叶子菜）
- 500克硬奶酪，礤丝
- 5克豆蔻粉
- 4只鸡蛋
- 300毫升牛奶
- 3瓣大蒜，拍碎
- 30克新鲜香草（罗勒、法香，或者香菜）
- 500克圣女果，切碎

做法

1）将生米用自己喜好的方式煮到八成熟。关火/断电后，在锅内翻搅开，晾10分钟。

2）绿叶菜焯一下，用凉白开过一遍水，挤掉水分，剁碎。

3）将米饭、蔬菜、鸡蛋、豆蔻粉、牛奶、蒜末、香草，和三分之二的奶酪丝，混合起来，在烤盘里搅拌均匀。

4）烤箱预热200摄氏度，烤15—20分钟。

5）将圣女果和剩余的奶酪丝均匀地撒在烤米饭上方，再烤10分钟左右。

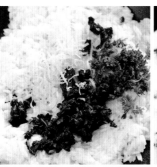

27.西班牙式蔬菜饭
Vegetable Paella

　　相信很多读者都听说过西班牙大锅饭（也有翻译成西班牙海鲜饭的，但实际上这道菜的种类远比"海鲜"二字多），paella这个词原意就是"锅"的意思，指的是烹调这道菜时专用的大号双耳浅层平底锅。这道菜源于西班牙瓦伦西亚地区，但地球人都将其视为西班牙国菜。最初原型是用橄榄油和藏红花烩短粒bomba米加肉和菜，在用松枝和松果当燃料的明火上烧熟。流传开来之后，沿海地区把陆地动物原料更换为海水动物，变成了鱼饭或者海鲜饭，烧熟后挤上柠檬汁来吃。素食者也可以只用蔬菜，最常见的是用扁豆、番茄和洋蓟心做蔬菜饭。我们全家都爱吃paella。

2013年年底，我们全家在新西兰度假时，有一顿饭是用头一天剩余的米饭，拌上略事翻炒过的蔬菜，加上各种调味香草，在烤箱里做成的。我儿子吃了好多，说像paella。我受到启发，觉得这样做也挺好，所以收进本书，并冠名"西班牙式"，但乃非正宗做法，只是更加便携的篡改版。不过也有资料说，阿拉伯人认为这道菜源自他们的传统，这个词的本意就是"剩饭"，的确是用剩饭烹调的。那么我就属于歪打正着了。

如果你好这口，肯下本买一只paellera（做大锅饭的锅），那做出来的味道肯定更正宗。没有这锅，我们就用一般的平底锅+烤盘。

下图是我2014年4月在纽约朋友家，和朋友一起烹调的一锅正宗西班牙海鲜饭。

原料

- 400克熟米饭
- 1只洋葱，切碎
- 3瓣大蒜，拍碎
- 300克番茄，去皮切碎
- 200克扁豆，择好掰段
- 2根欧式西葫芦，切片
- 1只灯笼椒，掰成小块
- 60毫升橄榄油
- 5克细红椒粉或卡岩椒
- 5克干罗勒
- 适量盐和研磨胡椒

做法

1）平底锅坐热，加一半橄榄油，下洋葱碎和蒜末翻炒5分钟左右。

2）下扁豆、灯笼椒和西葫芦翻炒，断生时下番茄翻炒3分钟左右。

3）在一只大容器里，混合米饭、炒过的蔬菜和调料，最后拌入另一半橄榄油。

4）烤箱预热至200度。将原料置入烤盘，压平，盖上一层锡箔纸，用叉子戳一些洞。放进烤箱烤30—45分钟，烤熟为止。

28.咖喱蔬菜
Vegetable Curry

原料

- 1只洋葱，切丝

- 10克生姜，切碎

- 1棵花椰菜，掰成小块

- 2根胡萝卜，切0.3厘米厚片

- 100克四季豆，切2厘米长段，开水焯2分钟断生

- 2只番茄，去皮切碎

- 100克豌豆，煮熟

- 15毫升调油
- 200毫升清汤或开水
- 5克黑芥末籽
- 5克孜然籽
- 3克姜黄粉
- 2克辣椒粉
- 2片咖喱叶（curry leaf）
- 20毫升咖喱粉（见240页）
- 适量盐

做法

1）不锈钢大汤锅坐热，加烹调油，下芥末籽和孜然籽，等它们开始蹦跳，如果跳得厉害，把锅盖盖上。这个过程大约需要2分钟。

2）下洋葱和咖喱叶，翻炒10分钟。

3）下姜末和咖喱粉，翻炒3分钟。

4）下花椰菜、胡萝卜片和四季豆段，翻炒5分钟。

5）下姜黄粉、辣椒粉、番茄碎，翻炒3分钟。

6）下熟豌豆，翻炒3分钟。

7）倒入清汤或开水，沸腾后转小火炖10分钟左右，直到蔬菜煮熟。

备注

1）可以根据个人喜好搭配其他蔬菜，比如西葫芦、白蘑菇、土豆等。

2）印度菜烹调过程中，下香料的顺序很重要，有些香料需要炒出香味来，有些香料则不能过度加热，否则香味就挥发了。

3）给孩子吃，我一般省略辣椒环节，爱吃辣的朋友可以在第3步加入新鲜辣椒。

29.鹰嘴豆玛莎拉
Chana Masala

　　2012年春节，我带女儿到纽约玩儿，拜访我的一个朋友，她嫁给了印度人，天天在家烧印度菜，我们找她那天，她就烧了这道菜给我们吃。后来，还把菜谱抄给我。这道菜，我们家孩子特别爱吃，一问"今晚烧印度菜，想吃哪样"得到的回答肯定是"要豆豆那个"。

　　话说给我这道菜谱的女友凤玲，也教给了我烧印度菜的一些窍门，比如，一开始，洋葱、姜蒜泥和番茄碎等，要小火长时间地翻炒，一直到炒"化"了，加入各类香料，做成酱状（印度人称为gravy的）。这是印度菜的基本功，在各式gravy里，加入其他主料，就是一道道美味可口的菜了。

原料

- 250克干鹰嘴豆，或者2罐头鹰嘴豆

- 1只洋葱，切碎

- 2只番茄，去皮切碎

- 10克生姜末

- 2瓣大蒜，切末

- 30毫升烹调油

- 15克豆类玛莎拉粉（可用咖喱粉代替）

- 5克姜黄粉

- 5克孜然粉

- 30克香菜，切碎

- 盐适量

做法

1）如果用干鹰嘴豆，则需要提前浸泡，按照说明煮熟，或者高压锅烹调熟。我比较懒，一般都用现成的罐头装鹰嘴豆。

2）炒菜锅坐热，加烹调油，下洋葱碎翻炒10分钟，中间加入蒜泥和姜末，一直翻炒，至洋葱透明软乎。

3）加入番茄碎，继续翻炒，至全部原料稀烂软乎。

4）加入姜黄粉、孜然粉、玛莎拉粉，翻炒3分钟，此时特别注意不要糊了。

5）加入煮好的或者罐头里的鹰嘴豆，根据自己喜好的浓度添一些水，加盐，盖上锅盖，煮15分钟。吃的时候拌入香菜末。

30.烤茄子咖喱
Baignan Bharta

原料

- 2只茄子，洗净去柄
- 3毫升黑芥末籽
- 1只洋葱，或一把小葱，切碎
- 3瓣大蒜，拍碎
- 10克生姜，切末
- 5克辣椒粉，或新鲜辣椒，切碎
- 5克孜然粉
- 5克香菜籽粉
- 3克姜黄粉
- 3只番茄，去皮切碎；或400克罐头去皮番茄
- 30毫升食用油
- 15克香菜，切碎
- 盐适量

做法

1）烤箱预热到250摄氏度，茄子外皮涂抹适量食用油，烤40分钟，或至其变色变软，取出晾一会儿。

2）热锅下油，油热后，下黑芥末籽，待其开始蹦跳时，下洋葱碎（小葱碎）、蒜末、姜末翻炒10分钟，至其软化透明。

3）下辣椒粉（鲜辣椒碎）、孜然粉、香菜籽粉、姜黄粉，翻炒5分钟，注意不要糊底。

4）下番茄碎和盐，翻炒5—10分钟。

5）在以上翻炒过程空闲时，把已降下温度的烤茄子去皮，用叉子把茄子肉划成粗糙的泥状。

6）把茄子泥加入炒锅里的原料，搅拌均匀，转小火炖10分钟左右。

7）拌入香菜末，起锅。

备注

1）这道菜中的茄子，按照传统正宗做法，应该用明火（炭火或者木柴火）烤熟，带着烧烤味道。

2）这篇菜谱里，第3步需要很多印度调料，如果你在当地买不到，都可以省略掉。这道菜只用茄子、葱姜蒜、番茄、香菜这些原料，加上油和盐，也能做得很好吃。

31.菠菜烩奶酪
Palak Paneer

原料

- 250克自制奶酪（见备注）
- 3克姜黄粉
- 3克辣椒粉
- 500克菠菜
- 1只洋葱，切碎
- 10克生姜，切碎
- 3瓣大蒜，拍碎
- 5克孜然粉
- 15克咖喱粉
- 15毫升食用油
- 盐适量

做法

1）将自制奶酪切成1厘米见方的方块，与姜黄粉、辣椒粉和盐搅拌均匀。

2）菠菜去蒂洗净，用少量开水焯1分钟，关火，倒掉大部分水，锅里加入姜末和蒜末，用搅拌棒打成糊。

3）平底锅坐热，加烹调油，码放奶酪块，一面煎成金黄色后，翻面煎。煎好后取出置放一旁。

4）炒锅坐热，加烹调油，下洋葱末翻炒10分钟，至其软和透明。

5）下孜然粉和咖喱粉，与洋葱末翻炒5分钟。

6）下菠菜糊，转小火炖5分钟。

7）放入奶酪块，继续炖5—10分钟。

备注

自制奶酪

1）不锈钢奶锅里倒入1升全脂牛奶，小火煮沸，关火。

2）加入30毫升鲜榨柠檬汁，缓和搅拌，至牛奶变浓沉淀凝结。

3）控去上边的水分，将凝结的牛奶，用纱布过滤，挤干水分。

4）奶酪上方压住有重量的东西，置放2小时。

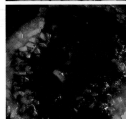

32.番茄酸奶烩秋葵
Okra and Tomatoes in Yogurt

菜品制作、摄影：

第一次吃到秋葵，是很多年前在美国，去一对华裔夫妇家做客，他们俩生长在印度，按照印度传统，经由"父母之命，媒妁之言"而结的连理，却婚姻幸福美满，经常请大家去他们家吃饭。他俩都是烹饪高手，当然最拿手的还是印度菜。记得当时吃的是姜黄粉烤秋葵，觉得非常好吃，于是结识了这种长相奇特、外表摸去毛茸茸涩巴巴硬邦邦的蔬菜。回京后，尚且不容易碰到这种菜，只要看到，必买来给家人做汤、凉拌。这几年秋葵在国内也火起来了，其营养价值丰富，尤其是含有黏稠状态的果胶，度娘曰——"其果胶的黏稠状态是植物界非常少见的，膳食纤维的占比及其中可溶性膳食纤维占比均是植物中非常高的。秋葵嫩荚富含维生素A、胡萝卜素，以及维生素C、维生素E等，尤其是维生素A与胡萝卜素含量在目前发现的动植物中位列第一。"

我学会做这道"番茄酸奶烩秋葵"后，不免在家里来客人时拿出来炫，没想到捧场的人还不少。比如前边提到的，曾经在我家小住，吃过鹰嘴豆玛莎拉蛋卷的来自上海的密友，只要做秋葵，他就会吃掉半盘子，另外那半盘子，也只是他出于礼貌，留给就席的其他客人的，不然，他会都吃掉。

原料

● 500克秋葵，洗净去蒂切段

● 1只洋葱，去皮切丝

● 2只绿尖椒，去把去籽切丝

● 3只番茄，去皮切块

● 3克姜黄粉

● 15毫升食用油

● 15毫升原味酸奶

● 15克香菜，切碎

做法

1）炒锅坐热下油，下洋葱丝和辣椒丝，翻炒10分钟，至洋葱透明软和。

2）转小火，下姜黄粉和盐，继续翻炒。

3）下秋葵段，转中火，翻炒几分钟，至秋葵略微变色。

4）下酸奶和番茄块，翻炒2分钟。

5）关火，拌入香菜碎。

（此图来源图库）

33.坚果烩饭 Nut Pulao

菜品制作：Sam　摄影：

原料

- 1只洋葱，切碎
- 2根胡萝卜，切丝
- 250克长粒香米，浸泡30分钟；或者同样分量的米焖的米饭
- 1瓣大蒜，拍碎
- 1片肉桂香叶
- 5克孜然籽
- 10克香菜籽粉
- 10克黑芥末籽
- 4粒豆蔻
- 500毫升蔬菜汤底，或者开水
- 15克香菜，切碎
- 100克坚果（腰果或核桃仁，可省略）
- 盐和胡椒适量

做法

1）炒锅坐热，加烹调油，下洋葱丝、蒜末、胡萝卜丝翻炒5分钟。

2）下米（或米饭）和香料，翻炒3分钟，让所有原料搅拌均匀。

3）倒入蔬菜汤底或开水，搅拌均匀，加入肉桂香叶和盐。

4）煮沸后转小火，根据米或者米饭软硬度调整时间，盖盖烹调10—15分钟，不要搅拌。

5）关火，盖盖停顿5分钟，再揭开锅盖。

6）拌入坚果、胡椒和香菜末。

34.小扁豆烩饭 Kedgeree

原料

- 50克红小扁豆（red lentils），洗净
- 250克长香米
- 4只白水煮蛋，每只切四瓣
- 30克法香，切碎
- 60毫升烹调油
- 1片肉桂叶
- 4粒丁香
- 5克咖喱粉
- 盐和研磨胡椒适量

做法

1）红小扁豆、肉桂叶放入适量冷水中，煮沸，撇去浮沫，转小火煮30分钟左右，至小扁豆煮软。关火，滤去水分，取出肉桂叶。

2）煮小扁豆的同时，在另一只锅里烧开500毫升水，下长香米、丁香和一勺盐，盖盖煮15分钟，至水分被完全吸收，取出丁香。

3）炒锅坐热，加烹调油，下咖喱粉翻炒1分钟，下煮好的小扁豆和米饭，翻炒2分钟。关火，拌入法香末，入盘后摆上鸡蛋瓣。

35.法式蔬菜派
Vegetable Quiche

　　地球人都知道quiche是法国菜，实际上它源自德国，quiche这个词的原型是德语的Kuchen（cake，蛋糕），而英国烹调中类似的食物也早有存在，但它的确被插上了法式的标签。说白了其实就是一大号咸味的蛋挞——油酥壳里灌上以鸡蛋和奶酪为主角的各种馅料（肉、鱼、菜皆可），烤熟了就是。

　　因属于"派"类烤制食品，一般来说，做quiche需要油酥皮，自己制作比较麻烦，专门销售西餐原料的食品店有卖现成的，但本书的大部分原料读者都不会买到。因此这里介绍的，是不用油酥皮的一款quiche。

原料

- 300克细豆角

- 半只洋葱，切碎

- 100克白蘑菇，切片

- 1只青椒，切细丁

- 1只番茄，去皮切碎

- 100毫升蛋黄酱

- 10块苏打饼干，掰碎

- 100克车达奶酪，礤丝

- 6只鸡蛋，打散

- 30毫升烹调油（或黄油）

- 盐和胡椒适量

做法

1）细豆角择好，掰成2厘米段，开水煮10分钟左右，滤水，备用。

2）平底锅坐热，加烹调油，下洋葱碎、白蘑菇片和青椒丁，翻炒5分钟。

3）在一只大碗里，混合蛋黄酱、盐、苏打饼干碎及1、2中的食材，逐渐加入鸡蛋液。

4）烤箱预热180度。将3倒入涂抹了油的圆形烤盘里，撒上番茄碎和奶酪丝。

5）烤25分钟。取出后搁置10分钟再切成三角块来吃。

36.菜糕
Vegetable Loaf

原料

- 1只洋葱，切碎
- 400克胡萝卜，礤丝
- 200克白蘑菇，切片
- 2瓣大蒜，拍碎
- 150克干面包渣
- 150克车达奶酪丝
- 120毫升牛奶
- 2只鸡蛋
- 5克罗勒
- 3克百里香
- 30毫升烹调油
- 盐和研磨胡椒适量

做法

1）平底锅热油，下洋葱碎和蒜末翻炒5分钟，下白蘑菇翻炒至软，关火，盛到一只大碗里。

2）将胡萝卜丝、100克面包渣、100克奶酪丝、罗勒、百里香、鸡蛋、盐和胡椒与1混合均匀。

3）烤箱预热至180度。将混合好的原料倒入涂好油的长方形烤盒里，再撒上剩余的面包渣和奶酪丝。

4）用锡纸盖上，烤30分钟；去除锡纸，再烤30分钟。

37.奶酪花椰菜/西蓝花
Cauliflower/Broccoli Cheese

奶酪菜花是一道传统英国菜，尤其深受小朋友喜爱。当然父母们也很喜爱，因为可以诱惑小朋友吃掉平时不爱吃的蔬菜。我老公就因为童年的记忆而对这道菜情有独钟。

原料

- 500克花椰菜/西蓝花，掰成小朵
- 200克古老爷奶酪丝
- 100克面粉
- 350毫升牛奶
- 45克黄油
- 15毫升芥末酱
- 3克豆蔻粉
- 1片肉桂叶
- 盐和研磨胡椒适量

做法

1）花椰菜/西蓝花用开水焯5分钟左右断生。

2）黄油、面粉、牛奶、肉桂叶、豆蔻粉、盐和胡椒做成
伯沙玫酱（参照41页），下一半的奶酪丝。

3）烤箱预热至180度。烤盘涂油，码放花椰菜/西蓝花，
浇上2，再将另一半奶酪丝撒在上边。烤20分钟左右。

38.番茄汁花椰菜/西蓝花
Cauliflower & Broccoli in Tomato Sauce

如果觉得上边那道菜太过腻重，或者伯沙玫酱的原料不好买，可以做清淡版的。

原料

- 1000克花椰菜/西蓝花，掰成小朵
- 1只洋葱，切碎
- 1罐头去皮番茄碎
- 50毫升罐装番茄泥
- 50克面粉
- 300毫升脱脂牛奶
- 300毫升开水
- 盐和研磨胡椒适量

做法

1）小锅下洋葱碎、番茄碎、番茄泥，锅开后转小火熬15分钟左右，至酱汁浓稠。

2）面粉加少许牛奶和成膏状，搅入1，而后逐渐加入牛奶和开水。

3）频繁搅动酱汁，至沸腾变浓，下盐和研磨胡椒调味，关火，保持热度。

4）花椰菜/西蓝花上笼屉蒸5分钟左右，断生即可，保持口感清脆。

5）蒸好的菜入盘码放，浇上酱汁，可再多撒研磨胡椒。

第六章 沙拉
Salads

卷心莴苣
（iceberg）

长叶莴苣
（butterhead）

罗马莴苣
（romaine）

红卷发莴苣
（lollo rosso）

芦果拉
（rugola）

橡木叶
（oak leaf）

菊苣
（radicchio）

苣荬菜
（escarole）

苦菊
(sonchus)

小油菜
(baby bokchoy)

紫背天葵
(gynura)

豌豆尖
(green pea tip)

小菠菜
(baby spinach)

薄荷
(mint)

很多年以前，中国人对西餐还不太熟悉的时候，对它最大一个非议就是"外国人爱吃生的凉的"。这所谓生的凉的，大多数指的是西餐的沙拉。"什么菜，拿过来洗洗就生吃了，也不焯一下，更别说炒熟了吃。"那时候，在很多中国人心目中，未经烹调的菜吃起来肯定味道不怎么样。若有人说西餐难吃，即便那没亲口品尝过的，一听说老吃生的凉的，也相信了并且附和了。

等我真正接触到这"难吃"的生凉食品时，发现它不仅不难吃，

反而十分美味可口，并且营养价值超高。在所有菜系中，沙拉（蔬菜沙拉）真应该登上健康食品的榜首。

在我看来，沙拉有些类似于中餐的凉拌菜，基本上什么菜都能拿来，变着花样做一做，有生有熟，有冷有热，有荤有素，还有荤素搭配的。除了原料的选择之外，关键点之一在于拌菜的酱汁。不同的沙拉搭配不同的酱汁，就是不同的风味。我手头一本专门讲怎么做沙拉的书，就收进了200多种沙拉做法，还没收全，至少没有中东的法香碎麦沙拉。

说到沙拉，最常见的当数以生菜为主料的蔬菜类沙拉。这生菜者，学名"莴苣"，菊科，莴苣属，有好多好多不同的种类。原先国内最流行的是卷心莴苣，就是圆圆的白白的那种，英文叫iceberg，其实它最没味道，也没什么营养价值。我自己做沙拉，从来不买这种生菜。我更偏爱那些颜色深、味道重、营养好的生菜，比如苣荬菜（escarole）、长叶莴苣（butterhead）、罗马莴苣（romaine）、红卷发莴苣（lollo rosso）、橡木叶（oak leaf）等等，这些生菜的口感比较甜。另外还有菊苣（radicchio）和苦菊这样有苦味的生菜，放一些进去，配合着带醋的酱汁，口感更好。近10来年芦果拉（rugola）在中国也流行起来，它带一些辣味儿，气味也很浓，爱吃的人无比热爱，不爱吃的人根本受不了。还好，我们全家都喜欢芦果拉。另外，穿心莲、紫背天葵、小油菜、小菠菜、豌豆尖、罗勒、薄荷等等，都是做叶类蔬菜沙拉的原料。

一款蔬菜沙拉做好了，既可以单独吃它，也可以加入自己喜爱的其他原料，比如烟熏三文鱼、鸡胸丝、虾仁、白水煮蛋、奶酪等等，还可以拌入煮熟的意大利螺旋面，或者北非小米couscous。

做沙拉需要的工具：沙拉木碗，沙拉木勺，甩水器。

1.美味田园沙拉
Gourmet Garden Salad

菜品制作、摄影：小巫

原料

● 各种莴苣、芦果拉、小油菜、豌豆尖等
等酌量搭配

● 100克熟豌豆（或青蚕豆）

● 1根胡萝卜

● 10只白蘑菇

● 20只圣女果

● 2条培根（可省略）

● 1/2只紫洋葱

● 适量核桃仁

做法

1）培根煎脆、掰碎，洋葱切碎后，用少许
培根油炒软。蘑菇切片，核桃仁碾碎，胡萝
卜礤丝。

2）生菜叶洗净，甩干水分，放入沙拉盆
中，上边码放圣女果、蘑菇片、培根粒、
胡萝卜丝、洋葱细丁、豌豆、核桃仁。吃的
时候倒入沙拉汁（salad dressing，见199
页），搅拌均匀。

备注

在西餐里，培根、洋葱、白蘑菇这三样同时
登场的沙拉，更多见于经典的菠菜沙拉。但
是中国的红嘴绿鹦菠菜不适合做沙拉，所以
我将这些原料移植到生菜沙拉里。

2.中东法香碎麦沙拉
Tabouli

原料

- 150克碎麦（bulgur wheat），泡好
- 150克法香，切碎
- 2只番茄，去皮切碎
- 1只紫洋葱，切碎
- 300毫升橄榄油
- 1只柠檬，挤汁
- 2克肉桂粉

做法

在一只大沙拉木碗里，用沙拉木勺将所有主料挑拌好（注意不是搅拌），浇上柠檬汁，挑拌，再逐次浇上橄榄油，浇一些，挑拌一下，直到所有主料均匀地裹上橄榄油和柠檬汁。

备注

如果实在找不到碎麦，可以省略，单纯用法香、洋葱末、番茄末配橄榄油和柠檬汁，也是一款美味的沙拉。

3.恺撒沙拉
Caesar Salad

恺撒沙拉在中国非常著名，凡接触过西餐的人都应该听说过这款沙拉。虽然名为"恺撒"，但跟那罗马皇帝没什么关系，能跟罗马搭上点边的，是这款沙拉的指定生菜——罗马莴苣（romaine lettuce）。有些饭馆为了省钱，会用卷心莴苣来做主料，口感大打折扣。

恺撒沙拉的主打口味在于它的酱汁。大家可以在超市买现成的，也可以自己做。

原料

● 3片剩面包

● 2瓣大蒜

● 50克帕玛臣奶酪，礤薄片

● 1头罗马莴苣

● 200毫升橄榄油

● 2只生鸡蛋黄

● 25克腌鳀（anchovy），切碎

● 3毫升法国粗粒芥末酱

● 15毫升鲜榨柠檬汁

● 适量盐和胡椒

做法

1）调酱汁。生鸡蛋黄、腌鳀末、芥末酱、120毫升橄榄油、柠檬汁，混入一只瓶子里，拧紧瓶盖，使劲儿摇晃，直至均匀。

2）做面包干。面包片边缘切掉，面包瓤切成2厘米方块。大蒜切片，用蒜片涂抹面包，让面包吸收一些蒜味儿。平底锅坐热，加橄榄油，放入面包块煎透，在厨房纸巾上晾干。

3）拌沙拉。罗马莴苣洗净、甩干水分，放在沙拉盘里，上边码放帕玛臣奶酪片和面包干。吃的时候拌入沙拉酱汁。

备注

恺撒酱汁里含有生鸡蛋黄，不适合孕妇、老人和儿童。在做酱汁时，可以省略生鸡蛋黄，用白水煮蛋黄，碾碎后撒在沙拉上边。

4.土豆沙拉 Potato Salad

土豆沙拉是西餐沙拉里比较大众的一款，流传广泛，做法简单而经典，同类型的沙拉还有鸡蛋沙拉、鸡胸（火鸡胸）沙拉、金枪鱼沙拉等，都是用蛋黄酱（mayonnaise）做酱汁调味。

原料

- 1000克新土豆
- 1小只紫洋葱，切碎
- 1根西芹梗，切碎
- 1根黄瓜，切碎
- 2只白水煮蛋
- 200毫升蛋黄酱
- 15毫升法国粗粒芥末酱
- 50克酸奶油（可省略）
- 适量盐和胡椒

做法

1）土豆洗净，刮净，如果是新鲜收获的土豆，不必削皮。凉水煮开，转中火煮15分钟左右，煮透为止。滤干水分，晾凉后切成小滚刀块。

2）白水煮蛋去皮、碾碎，和蛋黄酱、芥末酱、酸奶油一起搅拌均匀，撒入盐和胡椒。

3）在沙拉碗里，将土豆块、洋葱末、西芹末、黄瓜末混合起来，拌入酱汁。

5.鸡蛋沙拉 Egg Salad

原料

- 6只白水煮蛋，切碎
- 75毫升蛋黄酱
- 50克洋葱碎
- 50克西芹碎
- 5克咖喱粉
- 盐和胡椒适量

做法

1）以上材料放在一只大碗里搅拌均匀。

2）用保鲜膜覆盖住碗，或转移到可以密封的食品盒里，搁置冰箱，冷却后食用。

备注

白水煮蛋最佳方案：鸡蛋洗净，置入锅内，倒入将将没过鸡蛋的冷水，盖好盖子，坐到火上，一旦水沸腾，立刻关火，让鸡蛋在锅内闷上5分钟，再倒掉煮蛋的水，兑入新鲜冷水。这时取出鸡蛋剥开，正是煮得恰到好处。

6.鸡胸/火鸡胸沙拉 Chicken/Turkey Salad

原料

- 一块150克左右的鸡胸（或火鸡胸）
- 大葱段、姜片各二
- 100克芹菜碎
- 100克红提子，剖半去籽
- 50克烤熟的大杏仁或核桃仁，碾碎
- 70毫升蛋黄酱
- 盐和胡椒适量

做法

1）鸡胸肉、大葱段、姜片置入小不锈钢锅内，倒入凉水，煮沸后立刻关火，盖上盖子，闷10分钟左右（视肉块薄厚，不要闷过头了，否则肉就老了）。

2）捞出鸡胸肉，冷却后切成小丁。

3）其他原料和鸡胸丁一起搅拌均匀，盖好，置入冰箱，冷却后食用。

备注

鸡肉沙拉有许多变通的配置，配料上可以随意发挥，但重点仍在于保持鸡肉的原味。可以运用的配料包括葡萄干、白水煮蛋、豆芽、黄瓜、洋葱、苹果、咖喱粉，等等。

7.金枪鱼沙拉 Tuna Fish Salad

原料

● 一罐头金枪鱼肉

● 100克芹菜碎

● 100克法香碎

● 50克香葱碎或者洋葱碎

● 30毫升橄榄油

● 30毫升柠檬汁

做法

1）把金枪鱼肉倒入一只碗里，用叉子叉碎。

2）蔬菜碎倒入碗里。

3）在另外一只小碗里，将橄榄油和柠檬汁搅拌均匀。

4）以上三者搅拌均匀，置入冰箱冷藏，冷却后食用。

前边说过，这款沙拉做成三明治，是俺家小伙儿最喜欢的自带午饭之一。

备注

1）如果不想用橄榄油和柠檬汁，可以用70毫升蛋黄酱代替。

2）以上三款沙拉，都可以夹在面包里，做成三明治。我儿子因为早上带饭去学校，到中午才吃，这种沙拉如果直接放到面包上，午饭时就会把面包浸软了，口感不佳，而且沙拉也容易掉下来，弄得一团糟。我想了一个办法，用洗净晾干的罗马生菜叶子包住沙拉，这样既保证口感和干净，还增添了营养，算是两全其美。

8.意粉沙拉 Pasta Salad

意粉沙拉不是一道菜，而是一个概念，里边包含多道菜。就像蔬菜沙拉、意粉酱汁一样，原料和配料可以百变混搭，做出各式各样的美味来。而且，大部分意粉沙拉包含蔬菜、淀粉和蛋白质，既可以当做一道配菜，也可以当做主菜果腹。

做沙拉最好用短面，比如曲通粉（macaroni）、螺旋粉（fusilli）、管状粉（penne）、蝴蝶结粉（farfelli）、贝壳粉（shell），等等。煮面的程序和前边"意大利面"章节开篇提到的一样，尤其注意不要煮软了，而要比较韧。关火后控掉水，再用凉白开过滤一遍，去除多余的淀粉，拌入酱汁（油醋汁即可，也可根据口味调配其他酱汁）。其他蔬菜、海鲜、熟肉、香草等配料，先码放在面上，等吃的时候再挑拌。下边罗列可以混搭的各式配料：

蔬菜类配料

● 生菜，洗净甩干

● 圣女果（樱桃番茄），剖半

● 胡萝卜，切丁

● 西芹梗，切丁

● 西蓝花，生或熟，掰小块

● 洋葱或香葱，切丝或切碎

海鲜类配料

● 烟熏三文鱼

● 煎、煮或烤三文鱼

● 金枪鱼

● 白灼虾

● 扇贝

熟肉类配料

● 火腿，切丁或丝

● 鸡胸肉，切粗段

● 羊排/牛排，切粗段

● 香草类配料

● 罗勒

● 薄荷

● 法香

● 香菜

其他配料

● 奶酪

● 白水煮蛋

● 腌制橄榄

● 水柳瓜

以上配料，除了蔬菜类可以同时放入多种之外，其他各类配料，每次仅取其一即可。也就是说，要么做烟熏三文鱼意粉沙拉，要么做鸡肉意粉沙拉，而不是多种肉类海鲜一勺烩哈！

9.卷心菜沙拉 Coleslaw

　　中国人广泛接触到卷心菜沙拉，大概要归功于肯德基。光顾过肯德基的人大概都吃过它提供的卷心菜沙拉。这款沙拉也是西餐里比较大众而常见的菜肴，做起来也很简单。

原料

- 500克卷心菜（圆白菜），切极细的丝
- 1根胡萝卜，礤丝
- 1/2只紫洋葱，切碎
- 100毫升蛋黄酱
- 50毫升西餐苹果醋
- 适量盐和胡椒

做法

将以上所有原料搅拌均匀。根据个人喜好，可以加入一些葡萄干、香草末、苹果末、芹菜末，等等，也可用柠檬汁替代醋，还可以调入酸奶。

10.华德福沙拉 Waldorf Salad

华德福沙拉和华德福教育没有任何关联。华德福沙拉的名字来源于位于纽约的华德福-阿斯朵丽亚酒店（Waldorf-Astoria Hotel），是该酒店的一名大厨于19世纪末创造出来的。

原料

- 3只脆苹果，去籽，切滚刀块
- 2根西芹梗，切薄片
- 100克红提子，剖半去籽
- 70克核桃仁，切碎
- 70毫升蛋黄酱或原味酸奶
- 15毫升鲜榨柠檬汁
- 30毫升蜂蜜
- 适量绿色阔叶莴苣

做法

莴苣叶洗净甩干水分，铺在盘子底做陪衬。其他原料搅拌均匀后，码放在莴苣叶上。

11.面包番茄沙拉 Panzanella

菜品制作、摄影：小巫

有一次出差，晚上在酒店房间里看电视，凑巧看到BBC台播出的一部美食纪录片，主持人是个美食评论家，游遍西西里岛探寻美食，到朋友家做客，朋友的妈妈给他做了丰盛的午餐，其中一道菜，就是面包番茄沙拉，又简单又可口。我在家里按照回忆仿制，又篡改了一下，以适应手头的材料。这道沙拉深受孩子们欢迎，无论做出多少，都被一扫而光。

原料

● 3—5片隔夜面包（如果是法棍类面包，则需半根，切成厚片）

● 50只圣女果，或3只大番茄（去皮）

● 半只紫皮洋葱，切丝

● 新鲜罗勒少许，切丝

● 1瓣大蒜，剖半

● 10粒腌制去核橄榄（青或黑皆可，亦可两种都有），剖半

● 10粒刺山柑（可省略）

● 30毫升橄榄油

● 盐和胡椒适量

做法

1）烤箱预热150度，用蒜瓣涂抹面包，淋上橄榄油，放入烤箱，烘烤20分钟，待其自然冷却后，取出，切小块。（蒜瓣切碎备用）

2）圣女果剖半，如果是大番茄，则切开，用勺子盛出带汁的内瓤，放进一只小碗，尽量把汁倒入小碗，余下的番茄肉切丁。

3）番茄丁、洋葱丝、黑橄榄、刺山柑混合在一起。

4）橄榄油、番茄汁、蒜末、盐和胡椒，用打蛋器打兑成油醋汁，淋入沙拉主料。

5）可放入冰箱冷却，也可即食。吃之前拌入面包块，最后将罗勒丝码在沙拉上。

12.红菜头沙拉
Beetroot Salad

我吃到过的最好吃的红菜头沙拉，是我婆婆做的，红菜头来自她自己的花园。我婆婆是烹调高手，而且她属于老辈人，什么都从头到尾自己动手，而不是买半成品。比如她自己酿制果酱，腌制水果，自己制作火腿，自己擀烘焙需要的酥皮。有一年我们回新西兰探亲，住在公婆家，正值红菜头成熟的季节。有一天婆婆腌了一大罐子红菜头，却特特叮嘱我先不要动，那是为小儿子Richard准备的，因为他打电话说要来妈妈家吃晚饭，红菜头恰巧也是他的最爱。傍晚时分，烹调热菜之前，婆婆站在厨房灶台旁，对着窗外张望了好久，就等着小儿子来了之后开火做菜。等得很晚，也没等来小儿子的身影，婆婆很失落地说，大概他有什么事，不来了。

这一幕看得我心酸，想起老电影里看到过的镜头，白发苍苍的老婆婆在村口守候着，等着晚归的儿子。看来天下母亲的心思都是一样的，没准儿哪天我也是这个样子呢！

原料

- 1000克红菜头
- 1只小紫洋葱，去皮切丝
- 100克核桃仁或松仁
- 100克菲达奶酪feta cheese
- 2瓣大蒜，拍碎
- 适量油醋沙拉汁（见后页）

做法

1）红菜头洗净，煮软，冷却后去皮切成0.5厘米的厚片，剖半或1/4片。

2）将红菜头片、洋葱丝、蒜末和沙拉汁挑拌均匀，上撒果仁和奶酪碎。

备注

1）这款沙拉还可以随意多变，可以添加焯好的菠菜或者四季豆，红里带绿；或者加一些去皮去籽的橙子肉，甜中带酸。事实上，红菜头口味偏甜，如果和苹果、梨等水果搭配，浇上酸奶，也是不错的水果沙拉。

2）制作红菜头时注意及时洗手和洗净切菜板，否则红汁会伴随你很久。

13.紫甘蓝沙拉 Red Cabbage Salad

原料

- 500克紫甘蓝，切丝
- 半只紫洋葱，切丝
- 1根胡萝卜，礤丝
- 50毫升特级初榨橄榄油
- 50毫升苹果醋
- 15克白砂糖
- 50克核桃仁，掰成小颗粒
- 30克红提子葡萄干
- 盐和胡椒适量

做法

1）将三种蔬菜丝挑拌混合。

2）在一只小碗里，将橄榄油、苹果醋、白砂糖、盐和胡椒混合，用打蛋器搅拌成沙拉汁，倒入蔬菜里，挑拌均匀，放入密封容器，置入冰箱24小时以上。

3）吃的时候撒上核桃仁和葡萄干。

14.蘑菇沙拉 Mushroom Salad

原料

- 250克白蘑菇，切四瓣
- 150克鲜香菇，切四瓣
- 100克平菇，撕成小块
- 200克罗马生菜，洗净撕片
- 50克芦果拉，洗净
- 2根香葱，切碎
- 1瓣大蒜，拍碎
- 半只柠檬，榨汁，另半只切薄片
- 30克法香，切碎
- 1只柠檬
- 30毫升烹调油
- 23毫升特级初榨橄榄油
- 30毫升西餐醋
- 盐和胡椒适量

做法

1）平底锅热烹调油，下蘑菇翻炒，待出汁后转小火，加入蒜末，继续烹调，至大部分蘑菇汁挥发。

2）在一只小碗里，将橄榄油、西餐醋、柠檬汁、盐和胡椒混合，用打蛋器搅拌均匀。

3）蘑菇炒好后，关火，倒入沙拉汁，置于一旁冷却。

4）生菜叶、芦果拉叶、柠檬片混合，置于盘底。

5）待蘑菇温度降到温和时，置于沙拉叶上，撒上香葱末和法香末，吃的时候拌匀即可。

15.希腊沙拉 Greek Salad

这是一款全球流行甚广的沙拉，起源的确在希腊，乃其本土家家必备的夏季沙拉。在其他国家有所变异，最常见的是增加了生菜的成分。

原料

- 1根黄瓜，切1厘米见方的丁
- 10只圣女果，剖半
- 1/3只紫洋葱，切丝
- 10粒腌制去核黑橄榄
- 4根小葱，切丁
- 125克干酪（feta cheese），切1厘米见方的丁
- 100毫升特级初榨橄榄油
- 45毫升西餐醋（或柠檬汁）
- 1瓣大蒜，拍碎
- 5毫升干牛至
- 盐和胡椒适量

做法

1）将前六种原料混合。

2）在一只小碗里，将后五种原料混合，用打蛋器搅拌均匀。

3）将主料与沙拉汁挑拌均匀即可。

16.番茄嵌蛋片
Tomatoes Stuffed with Eggs

番茄厚片上码放马祖里拉奶酪，再浇上汁，就是一道著名的意大利开胃菜。念及大部分中国家庭不会特意去买（或者压根儿买不到）马祖里拉奶酪，这里我们改良一下，用白水煮蛋代替奶酪，也是一道美味的沙拉style开胃菜。

原料

● 4只白水煮蛋，每只切成5片

● 4只番茄

● 适量罗马生菜叶子

● 150毫升蛋黄酱

● 30克香葱，切碎

● 30克新鲜罗勒，切碎

做法

1）番茄从顶端到离蒂1厘米左右切5条缝，每条缝隙里镶嵌一片煮蛋。

2）蛋黄酱、香葱碎和罗勒碎搅拌均匀。

3）罗马生菜叶铺放盘底，番茄镶蛋码放其上，吃的时候浇上2。

17.北非小米沙拉 Couscous Salad

很多主食类谷物都可以用来做沙拉。前边介绍过中东碎麦沙拉、意粉沙拉和面包沙拉，这里再介绍几种用谷物制作的沙拉：北非小米（其实是麦类）、玉米和豆类。关于北非小米的介绍，请参见128页"主菜"部分。

原料

- 250克即食北非小米（instant couscous）
- 500毫升蔬菜汤或白开水
- 20粒腌制去核黑橄榄
- 20颗圣女果，剖半
- 2根黄瓜，切丁
- 3根小葱，切丁
- 50毫升特级初榨橄榄油
- 15毫升鲜榨柠檬汁
- 30克法香，切碎
- 5克孜然粉
- 盐和研磨胡椒适量

做法

1）北非小米置入容器，倒入滚开的蔬菜汤或者白开水（非素食者可用鸡汤），用叉子搅拌后置放10分钟，待水分完全吸收后，用叉子搅散。

2）在一只小碗里，将橄榄油、柠檬汁、孜然粉、盐和胡椒混合，用打蛋器打兑成沙拉汁。

3）所有主料混合，浇入2，挑拌均匀。

18.玉米沙拉 Corn Salad

玉米沙拉的做法有很多，原料可以任意发挥。黄色的玉米粒搭配红色的番茄、绿色的灯笼椒、紫色的洋葱等等，花花绿绿一盘子，看上去就令人食欲大增。

原料

● 6只甜玉米，煮熟剥粒

● 20颗圣女果，切四瓣

● 半只紫洋葱，切碎

● 1只绿色灯笼椒，切细丁

● 1只红色灯笼椒，切细丁

● 30克法香，切碎

● 60毫升特级初榨橄榄油

● 30毫升苹果醋

● 15毫升鲜榨柠檬汁

● 10克白砂糖

● 5克干罗勒

● 3克细红椒粉

做法

1）在一只大容器里，将前6种主料混合。

2）用一只小碗，将后6种原料混合，用打蛋器打兑成沙拉汁。

3）将1和2混合均匀，放置2小时以上再吃。置入冰箱24小时后口感更佳。

19.三豆沙拉 Three Bean Salad

豆类沙拉的做法也五花八门，多种多样。既可以单独一种豆子当主料，也可以几种豆子混合一起做主料。既可以做出素食版本，也可以加入肉类、鱼类或海鲜。这里介绍一道简单的三种豆子沙拉。

原料

- 400克煮熟的红腰豆（罐头装亦可，下同）
- 400克煮熟的黑豆
- 400克煮熟的鹰嘴豆
- 半只红彩椒，切细丁
- 半只绿彩椒，切细丁
- 半根西芹梗，切细丁
- 1/3只紫皮洋葱，切碎
- 6颗樱桃萝卜，切片
- 60毫升特级初榨橄榄油
- 30毫升西餐醋
- 30克白砂糖
- 5克孜然粉
- 盐和研磨胡椒适量

做法

1）如果用罐装豆子，需要控干水，倒出来，用清水洗净，滤水。

2）在一只大容器里，将前8种主料混合。

3）用一只小碗，将后5种原料混合，用打蛋器打兑成沙拉汁。

4）将2和3混合均匀，置入冰箱1小时以上再吃。

20.沙拉汁 Salad Dressing

　　沙拉酱汁多如牛毛，各种口味不一而足。有甜酸味儿的，有奶酪味儿的，有浓稠的，有清淡的，还有专为某种沙拉特殊配制的，比如恺撒沙拉酱，比如有时配科布沙拉（Cobb salad，亦称海鸥沙拉）的蓝纹奶酪沙拉酱。

　　一般来说，蔬菜类沙拉可以搭配各种沙拉调料。虽然我在上文几种沙拉里标注使用蛋黄酱，即中国市场上常见的所谓沙拉酱，我平时在家里几乎从来不用它，因为它含有生鸡蛋，而且特别容易变质，成分也不够健康。我自己调配的油醋汁受到广大吃客朋友的称赞，这里将秘方公布如下：

● 100毫升橄榄油

● 50毫升西餐醋（葡萄醋、苹果醋、凤仙花香脂醋皆可，千万别放中餐的老陈醋什么的）

● 20毫升鲜榨柠檬汁

● 10克法式粗粒芥末酱

● 10克膏状蜂蜜

● 适量盐和胡椒

● 如果喜欢蒜味儿，可以碾碎一瓣大蒜

将以上所有原料放入一个封口瓶子里，将瓶口拧紧，使劲儿上下摇晃，让所有原料均匀地混合。也可以把所有原料放在一只大碗里，用打蛋器搅打均匀，变浓稠为止。

第七章 配菜及小吃
Side Dishes and Snacks

西餐里的配菜和小吃真可谓五花八门、种类繁多，可以专门出一本书来写其菜谱。其中西班牙菜系里，还有一支专门以小吃为胜，称为tapas。在鸟语花香的院落树影里，斟一杯酒，来几碟tapas，保你感觉此生无憾矣！

这里介绍几种我们家餐桌上常见的配菜和小吃。一般来说，主菜是肉类时，须得配上一些蔬菜，如果不想吃冷的沙拉，就可以吃热的蔬菜。

上一版收录了当时我儿子叮嘱我一定要包括在内的、他自己发明创造亲手制作的两种小吃，这一版依旧。

1.土豆泥
Mashed Potatoes

原料

- 1500克土豆
- 60克黄油
- 200毫升牛奶
- 200克帕玛臣or罗马诺or古老爷or车达奶酪
- 适量盐和研磨胡椒

做法

1）土豆去皮一剖四瓣，放入水中煮软，关火滤水。

2）牛奶在微波炉里加热，奶酪礤丝。

3）黄油、牛奶、奶酪丝放入土豆，将土豆捣成泥。

4）吃的时候撒上盐和研磨胡椒。

备注

如果土豆泥一顿吃不完，剩下的可以做成煎土豆饼。

烤肉时，烤盘里会积攒一些油脂和汁液；烤鸡或烤火鸡时，鸡在烤棍上翻滚，底下用烤箱自备的托盘接着油汁。如果家里没有烤箱，而是用小烤炉，烤箱底部铺一张锡纸，接着滴下来的油汁。

将这些油汁收集到一只小碗里，沉淀后，将上边的油撇到一只小锅里，小火加热，调入60克面粉，搅拌均匀。

慢慢地倒入剩余的烤汁，边倒边搅拌，不要出现颗粒或者结块。如果汁不够多，则可以倒入一些清汤，也可以倒入牛奶。

小火不断搅拌，直至浇汁变浓，撒盐和胡椒。

（此图来源图库）

3.蘑菇红酒肉浇汁
Mushroom Red Wine Sauce

原料

- 250克白蘑菇，切片
- 150毫升红葡萄酒
- 150毫升牛奶
- 5克面粉
- 30毫升烤肉油汁
- 适量盐和研磨胡椒

配各种烤肉的浇汁也有很多花样，这里介绍一道蘑菇红酒汁，配烤牛里脊（见110页）。

做法

1）小号平底锅坐热，下烤肉油（或者用黄油代替），下蘑菇片翻炒5分钟。

2）倒入红酒，沸腾后转小火烹调10分钟左右。

3）面粉调入牛奶，下到锅里，沸腾后转小火烹调5分钟左右。

4）关火，撒入盐和研磨胡椒，保持热度，浇到肉片上吃。

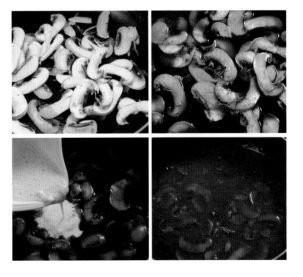

4.迷迭香烤土豆
Rosemary Roasted Potatoes

原料

- 1500克土豆，去皮切滚刀块
- 50毫升烹调油
- 10克迷迭香
- 适量盐

做法

1）土豆块用水煮开，1分钟后关火，滤去水分。

2）平底锅里烧热油，下土豆块煎，将几面煎黄并带一些焦脆。如果土豆多，可分几次煎。

3）烤炉预热至180度，将土豆块码放在烤盘里，撒上迷迭香和盐，烤15—20分钟即可。

5.辣味土豆包
Spicy Jacket Potatoes

原料

- 2只大土豆
- 1只小洋葱，切碎
- 2片生姜，切末
- 1小把香菜，切末
- 5克孜然粉
- 5克香菜籽粉
- 3克姜黄粉
- 15毫升烹调油
- 50毫升纯味天然酸奶
- 盐适量

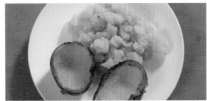

做法

1）烤箱预热至190度。用叉子在土豆上戳几下，烤1个小时，至烤软。

2）土豆对半切开，用勺子挖出瓤。

3）平底锅中火坐热，加烹调油，下洋葱碎翻炒3分钟，下姜末、孜然粉、香菜籽粉、姜黄粉炒匀。

4）下土豆瓤翻炒3分钟左右，关火后拌入香菜末。

5）将炒好的土豆瓤盛回土豆壳里，上边码放一勺酸奶，趁热吃。

6.番茄炒豆角
String Beans in Tomato Sauce

原料

- 500克长豆角（棍豆），择好
- 400克番茄，去皮切碎
- 1只紫皮洋葱，切丝
- 50毫升烹调油
- 100毫升开水
- 盐和研磨胡椒适量

做法

1）平底锅中火坐热，加烹调油，下洋葱丝翻炒10分钟。

2）下番茄碎翻炒8分钟，加开水、盐和胡椒。

3）下豆角，翻动，让豆角蘸上酱汁；盖上锅盖，闷10分钟左右，偶然翻动一下。

7.奶酪烤饼干
Crackers and Cheese

　　有句俗话叫做"半大小子，吃死老子"，说的是正在长身体的小伙子食量巨大。我们家儿子每天放学之后都会肚子饿，还没到吃晚饭的时间，吃些什么才好呢？如果每天买零食，既不健康又很浪费，他也知道不要吃"垃圾食品"，所以开动脑筋发明了这两种小吃。听说我要写菜谱书，他央我把他的这两样"发明"包括进去。

原料

苏打饼干，车达奶酪丝

做法

将奶酪丝码放在饼干上，放入烤箱里，150度烤5分钟。

8.烤蛋小吃
Bacon/Tomato/Bell Pepper Baked Eggs

　　我儿子有时在网上搜罗一些左道旁门的小食谱，这道小吃就是他告诉我怎么做的。

原料

● 6只鸡蛋，放到室温

● 3条培根，各剪成两段

● 细红椒粉

● 盐和研磨胡椒

做法

1）烤箱预热至180度。用一只6格麦芬烤盘，每格里绕半条培根，中间打上一只鸡蛋。

2）烤10分钟。取出后撒上细红椒粉、盐和胡椒。

备注

这道菜还可以用番茄或者灯笼椒做素食版的。如果用番茄，就剖半，挖出内瓤，把鸡蛋打进番茄壳里；如果用灯笼椒，就去蒂去籽，切成圆圈，把鸡蛋打进圈里。

9.披塔饼小吃
Pita Pocket with Melted Butter（Sam供稿）

原料

披塔饼，黄油，切片火鸡胸肉

做法

1）披塔饼切半，烤好，打开口袋。

2）黄油在平底锅里烧化，倒入披塔饼口袋里。

3）1—2片火鸡胸肉在锅里略微煎一煎，夹入披塔饼里。

10.墨西哥鳄梨酱
Guacamole

这是任何一个墨西哥餐馆都必备的配菜，前边说过，鳄梨是我最爱之一，这款小吃也是我最爱吃的菜品之一。每家餐馆都自己制作这道酱，带有自家的风格。以我有限的经历来说，它一般都是从厨房端出来的，只有一次例外，在美国新泽西联合城的餐馆里，食客围着吧台坐一圈，亲眼目睹招待用石头做的捣子在石头做的臼里，将鳄梨捣烂，拌好，端给你。

原料

- 2只成熟的鳄梨
- 2只番茄，去皮切碎
- 1瓣大蒜，拍碎
- 8根香葱，剁碎
- 30毫升鲜榨柠檬汁或青柠汁
- 15克香菜，剁碎
- 适量盐和胡椒

做法

1）如果有捣子和臼，当然最好。或在碗里，用勺子将鳄梨捣烂成泥状。

2）将鳄梨泥与其他配料搅拌均匀，用玉米脆片（tortilla chips）蘸了来吃。

11.墨西哥番茄酱
Salsa Dip

菜品制作、摄影：小巫

吃墨西哥和拉丁美洲菜，少不了Salsa。其实这个词本身就是sauce（酱汁）的意思，在这里则指以番茄为主料的辣味酱。有些商店可以买到玻璃罐头装的成品，但味道上欠缺自家制作的那种鲜香，而且酱汁很浓，菜却失去了原样。我更喜欢自己现吃现做。

原料

● 3只番茄，去皮切碎

● 1只哈罗皮尼奥（jalapeno）辣椒，切碎（如果给孩子吃，可用灯笼椒代替）

● 1/2只洋葱，切碎

● 20克香菜，剁碎

● 30毫升鲜榨柠檬汁或青柠汁

● 适量盐

做法

将所有原料均匀混合，用玉米脆片蘸了吃。

12.中东鹰嘴豆泥
Hummus

（请该图作者与本社联系）

鹰嘴豆泥于中东人，就像泡菜于韩国人一样，是每天都必不可少的佐餐食品。Hummus在阿拉伯语里，就是鹰嘴豆的意思。Hummus历史悠久，到底是哪个世纪流传下来的，至今已经失考。"中东"一词，概括一大片地域，囊括多个国家，不仅阿拉伯人吃，犹太人也吃，鹰嘴豆泥的制作方法也因此有多种变异，可以说，有多少中东人，就有多少hummus的风味。

原料

- 1罐头鹰嘴豆
- 50毫升鲜榨柠檬汁
- 25毫升白芝麻酱
- 2瓣大蒜，拍碎
- 30毫升橄榄油
- 2克盐

做法

1）将所有原料放在食品处理机里搅碎成糊状。

2）将鹰嘴豆泥放在一只小碟子里，中间挖出一个小坑，倒5—10毫升橄榄油。

3）用烤热的披塔饼蘸了吃。

备注

喜欢辣味的朋友可以在做好的酱上面撒一些细红椒粉（paprika）。

13.中东茄泥
Baba Ganoush

这道小吃源自旧时称为黎凡特的阿拉伯地区，在各个阿拉伯国家都有不同变异和功用，比如在黎巴嫩和土耳其它是开胃菜，在埃及和希腊它是沙拉，而到了印度就变成了前文里的热菜烤茄子咖喱。Baba ganoush在阿拉伯语里是"杵之父"的意思，也就是说，这道菜该是用杵子捣烂的。

原料

- 2—3只茄子（800—1000克）
- 60毫升白芝麻酱
- 60毫升鲜榨柠檬汁
- 10克孜然粉
- 30毫升橄榄油
- 30毫升香菜末
- 2瓣大蒜，拍碎
- 5克盐
- 适量披塔饼

做法

1）烤箱预热至200度。用叉子在茄子皮上戳一些窟窿，便于烤的时候水汽散发。茄子放到烤架上，烤45—90分钟（视茄子大小而定），或至茄子软熟，取出搁置冷却。

2）小平底锅中火坐热，下孜然粉烤制2分钟左右，至香气溢出，关火冷却。

3）切开茄子，挖出茄子肉，放到细眼漏勺里，搁置10—15分钟，尽量滗掉所有水分。

4）茄子肉剁碎（或用食品处理机搅碎），拌入孜然粉、蒜末、柠檬汁、白芝麻酱、香菜末、盐和研磨胡椒。就着烤热的披塔饼吃。

14.香草酸奶酱
Sweet and Sour Raita

Raita是印度、巴基斯坦和孟加拉国的特色，就是用酸奶和黄瓜等原料制成的一种酸酸甜甜的酱汁，可以用来蘸饼吃，或者做成沙拉，功用是给被咖喱刺激得火烧火燎的口腔带来一股清凉味道。来我家做客的新疆和内蒙古朋友，都说这道菜和他们家乡的味道有相似之处。

原料

● 450毫升原味酸奶

● 50毫升蜂蜜

● 1根黄瓜，切碎

● 1只洋葱，切碎

● 10克新鲜薄荷，切碎

● 30克香菜，切碎

● 1根绿尖椒，切碎

● 5克盐

● 20毫升凉白开（如果酸奶是比较浓稠的）

做法

1）酸奶倒入大碗，加入蜂蜜和盐，用打蛋器或其他器具搅拌均匀。

2）加入其他原料，搅拌均匀，放入冰箱冷藏。

15.蒜蓉面包
Garlic Bread

原料

● 1根法棍面包，或其他面包，最好是全麦类

● 2瓣大蒜，拍碎

● 50克法香，切碎

● 50克黄油，略微融化

● 2克盐

做法

1）将法棍切成1.5厘米厚的圆块，其他面包切成厚片，再对半剖成两片。

2）将法香末和蒜末与略微融化的黄油以及盐混合起来。

3）每片面包上涂抹混合好的黄油。

4）烤箱预热至200度，面包块码放在烤架上，烤10分钟，或至面包酥脆。

备注

1）面包切法可以随意，把法棍对半剖成长条也行。

2）还有其他口味，比如，将番茄末、洋葱末和罗勒末混合起来，先以原味黄油涂抹面包块/片，烤好之后，每块面包上堆一小勺上述蔬菜混合酱。

第八章 甜点和烘焙
Desserts and Baking

　　大家都知道，西餐的最后一道菜是甜点，少了甜点，他们会觉得这顿饭没吃完。有些像中国北方人，吃完饭，尤其是饺子和面条，不来碗汤溜溜缝儿的话，总是觉得缺点儿啥。

　　遗憾的是，我从小就不爱吃甜食，在厨房里挥舞多年，愣是没有琢磨过甜点怎么做。去西餐馆吃饭，也极少吃餐后甜点，偶尔来一小块提拉米苏，还往往吃不完就腻得送人了。

　　本书第一版里，仅有极少量甜点和烘焙的篇幅，因那时我对烘焙毫无兴趣。修订此书时，孩子们都步入青春期，食量大增，每日三餐之外还需要很多点心，便时时用零花钱买零食吃。外边卖的零食含有大量添加剂，仅从价格看就知道用料并不正宗，而是有许多人工合成替代品。当妈的心疼孩子，不肯让乱七八糟的零食破坏娃儿们的健康，于是开始学习烘焙。一时间厨房里粉尘弥漫、烟雾腾腾，天可怜见，烤出来的东西不管啥味道，都受到孩子们和老公的热捧，转眼间被抢光。厨娘受到这样的鼓舞，更是烤得不亦乐乎。

就这样，经过多次尝试，总结出来的经验教训是：不可完全信赖书里的方子！而是需要根据烘焙常识来随时调整配方。这里收入的烘焙方子，只要是我提供的，都是经过一定的篡改，多次烤制成功才写下来的。读者也需要根据自己家器具和口味，来调试出最适合自己的配方。

关于烘焙类食品制作，有很多书籍专门著述，这里篇幅所限，仅收录一些西餐中最常见的款式。另外，我的朋友陈攀因其女儿婴幼儿期对多种食品过敏，自己发明了不含牛奶鸡蛋的两样甜品，发表在这里，供孩子有食物过敏症的父母们参考。

一般来说，烤箱预热需要20分钟才能达到温度稳定。预热时间还受外部环境、烤箱需达到温度、烤箱大小等具体因素影响，要根据自己烤箱的实际情况确定时间，一般情况下是加热管红了又黑之后就可以把食物放进去了。即做即烤的食品，可以在准备原料的同时，开始预热烤箱。掺入无铝泡打粉的原料，则可以在搅拌好原料后，再开始预热烤箱，这样搁置20分钟后的原料，烤出来更蓬松更暄乎。烤好的食物，从烤箱里拿出来，最好立刻放到烤架（wire rack）上降温。

1.奶酪司康
Cheese Scones

据查，司康饼起源于苏格兰，最早记录见于1513年。但也有可能起源于其他地区，只是没有留下文字记录。

原料

- 250克面粉
- 15毫升无铝泡打粉
- 5克盐
- 50克冷藏黄油
- 200克车达奶酪丝
- 200毫升牛奶
- 2只鸡蛋，打散

做法

1）面粉、无铝泡打粉和盐混合筛均匀，将黄油揉进面粉里，至面粉像面包屑，再混合进150克奶酪丝。

2）鸡蛋和180毫升牛奶搅匀，和入面粉，搅拌均匀，不要过度揉面，静置20分钟。

3）烤箱预热至200度。将司康面团擀开，切成12只三角块，每块上涂抹牛奶，撒上奶酪丝。

4）置入烤箱，烘烤15分钟。

2.约克郡布丁
Yorkshire Pudding

原料

- 3只鸡蛋
- 250毫升牛奶
- 250毫升面粉
- 30克黄油

做法

1）烤箱预热到190度。鸡蛋打散，倒入牛奶，调入面粉，搅拌均匀。

2）用一只12格麦芬烤盘，将黄油平均分布到烤格里，置入烤箱2分钟，待黄油融化。

3）将调好的面糊平均分配到烤格里，置入烤箱，烤20分钟。

备注

这款布丁既可以做成咸味的配烤肉吃，也可以做成甜味的当甜品吃。传统配方是淡味的。

菜品制作、摄影：小巫

3.麦芬
Muffins

最近这些年，麦芬在国内流行起来。这种小吃既方便做，也方便携带，而且冷热皆可。麦芬有甜的，也有咸的。甜的可做饭后甜点，咸的则可当主食来吃。这里先介绍基本款，后边还有蔬菜麦芬与巧克力麦芬的做法。

菜品制作、摄影：小

原料

- 250克（500毫升）面粉
- 15毫升无铝泡打粉
- 3毫升盐
- 3毫升豆蔻粉
- 2只鸡蛋
- 250毫升牛奶（或奶油）
- 170毫升白糖（或红糖）
- 125克黄油（或植物油）
- 5毫升香草精华

做法

1）烤箱预热至200度。

2）一只大碗里，面粉、无铝泡打粉、盐、豆蔻粉筛混均匀。

3）另一只碗里，鸡蛋、牛奶、糖、融化的黄油、香草精华搅打均匀。

4）干湿原料混合起来，仅仅搅拌几下，注意不要过度搅拌，原料不必均匀。

5）12格的麦芬烤盘刷油，原料平均分布好，烤20分钟左右。取出后静待5分钟，再转移到烤架上降温。

备注

遵照这款基本做法，可以在和好的面团里加入蓝莓或者蔓越莓，做成莓类麦芬（blueberry/cranberry muffins），或者加入巧克力豆，做成巧克力豆麦芬（chocolate chip muffins）。不过，我做巧克力豆麦芬，会在面粉里加入纯巧克力磨的粉，使得巧克力味道更浓烈。

3a. 蔬菜麦芬 Vegetable Muffins

（此图来源图库）

原料

- 150克西蓝花/花椰菜/菠菜，焯熟，切碎（或150克胡萝卜，礤丝）
- 300毫升面粉
- 150毫升即食燕麦片
- 15毫升无铝泡打粉
- 50毫升白糖
- 3克盐
- 125毫升车达奶酪丝
- 1只鸡蛋，打散
- 125毫升牛奶
- 80毫升烹调油

做法

1）在一只大号容器里，混合面粉、燕麦、糖、盐和无铝泡打粉。

2）在一只碗里，打散鸡蛋，混入牛奶和油。

3）将1和2混合，搅入蔬菜和奶酪丝。

4）烤箱预热200度。将混合好的原料分入涂好油的麦芬烤盘里（亦可用麦芬纸杯垫底），烤10分钟。取出后晾5分钟再吃。

4.巧克力麦芬
Chocolate Muffins

菜品制作、摄影：

原料

- 170克无盐淡味黄油
- 140克纯巧克力（100%可可含量）
- 200克白砂糖
- 50克红糖
- 4只鸡蛋
- 110克面粉
- 5毫升香草精华
- 100克烤制大杏仁，碾碎（可省略）

做法

1）黄油和巧克力放入一只耐热大碗里，置入蒸锅，敞盖隔热融化（碗底不要直接接触开水）。

2）白砂糖和红糖拌入融化的黄油和巧克力混合液里，搅拌均匀。

3）鸡蛋搁到室温，一只一只地打进2，搅拌均匀，而后加入香草精华。

4）将面粉筛入3，混合即可，不要过度搅拌。

5）搅入杏仁碎。

6）烤箱预热180度，将麦芬原料均匀地分布到涂抹了油的麦芬烤盘里（或用麦芬纸杯），烤至刀子插入麦芬中心，抽出来是干净的，25—30分钟。取出搁置5分钟后趁热吃。

5.热巧克力奶
Hot Chocolate

热巧克力奶受到大部分孩子的热捧，我家两个孩子在咖啡馆里享用了还不够过瘾，还在家里鼓捣出自己的版本。这是Sam同学经过多次试验、多种原料比例搭配后，得出来的最佳配方。

原料

● 20克黑巧克力（可可含量在80%以上）

● 100毫升全脂鲜牛奶

● 20毫升水

● 20—30克白砂糖

做法

1）巧克力泡在水里，在火上化开，搅匀。

2）加入牛奶，等待煮沸。

3）关火，根据个人口味加入白砂糖。

4）可以根据自己的喜好加入薄荷糖或其他口味的糖果。

菜品制作：Sam 摄影：小巫

6.淡奶油曲奇
Butter Cookies

原料

- 130克黄油
- 200克低粉
- 60克糖粉
- 2克盐
- 10克全蛋液
- 80克淡奶油

做法

1）低粉过筛备用，淡奶油提前放到室温备用，烤箱170度预热。

2）黄油室温软化后，加盐，分次加糖粉打发至白色羽毛状。

3）分两次加入全蛋液，每次加蛋液时，搅打至和黄油完全融合后再加下一次。

4）分次加入室温淡奶油，每次加淡奶油时，搅打至和黄油糊完全融合后再加下一次。

5）筛入低粉，翻拌均匀。

6）面糊装入裱花袋，挤出喜欢的形状。

7）放入预热好的烤箱，170度，15—20分钟。根据自己烤箱适度调整烘焙温度和时间。

（念念妈供稿）

7.巧克力豆曲奇
Chocolate Chip Cookies

菜品制作、摄影：小巫

我的烘焙生涯，是从巧克力豆曲奇开始的。回头看看，我挑选了一款比较难的食品来开始做。但当时不知道，只是因为孩子们爱吃。

任何甜食，只要做成巧克力口味的，工序立刻复杂许多。麦芬基本款、饼干基本款、蛋糕基本款都比较简单，但巧克力麦芬、巧克力饼干和巧克力蛋糕就比较麻烦。

原料

- 250毫升面粉
- 30克纯可可巧克力，礤成粉
- 5毫升小苏打
- 125克无盐淡味黄油，室温软化
- 125毫升白砂糖
- 100毫升红糖
- 2只鸡蛋
- 5克盐
- 5毫升香草精华
- 100克巧克力豆

做法

1）将面粉、巧克力粉、小苏打混筛均匀。

2）在一只大碗里，将黄油、白砂糖、红糖搅拌均匀，用电动搅拌器，打入鸡蛋、盐、香草精华，搅打至均匀润滑。

3）将1和2混合，搅拌均匀，拌入巧克力豆。

4）烤箱预热190度。饼干烤纸涂抹油，每隔5厘米倒一勺原料，烤8—10分钟。取出后放到架子上，晾凉后再吃。本款原料可烤36块5厘米直径的饼干，分两批烤制。

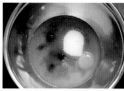

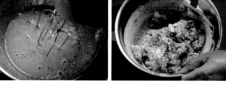

8.浓情巧克力蛋糕
Death by Chocolate Cake

菜品制作、摄影：／

　　儿子过14岁生日，老妈摩拳擦掌说给他烘个蛋糕，问想吃啥口味的，人家指定要巧克力。老妈领命照办，事后据内行人说，这纯属不知天高地厚——才学会烘麦芬，居然就进军蛋糕了！而且是难度很大的巧克力蛋糕！

　　这款蛋糕不含面粉，因巧克力含量极大，而被我戏称为"浓情巧克力蛋糕"，其实它的英文名是"死于巧克力"，真是死得心甘情愿！整个制作过程跨越10个小时。它不像含面粉和无铝泡打粉的蛋糕那样暄乎，而是扁扁的像一块饼，分量却沉甸甸的，味道亦极为厚重，纠结体重和身材的人慎入哦！

原料

一、蛋糕本身原料

● 220克黄油

● 220克纯巧克力

● 120克可可粉

● 350克白砂糖

● 6只鸡蛋

● 80毫升干邑白兰地

● 220克核桃仁，碾碎

二、涂层原料

● 50克黄油

● 100克纯巧克力

● 50毫升牛奶

● 5毫升香草精华

做法

1）烤箱预热至180度；圆形蛋糕烤盒刷油备用。

2）蒸锅隔热水笼屉上坐一只碗，内置黄油和巧克力，等待融化，略事冷却。

3）另一只大碗里，过筛可可粉，加入糖和鸡蛋，混拌一起，不要过度搅拌。

4）加入融化的黄油巧克力混合液，和干邑白兰地。

5）拌入一半的核桃仁碎。将原料倒入烤盒。

6）另一只大号烤盘里放2厘米深度的热水，蛋糕烤盒置于中间。烤45分钟。

7）取出静待15分钟，脱模，放到烤架上降温。

8）用烤纸包好，置入冰箱冷藏6个小时。

9）用于涂层的原料放到一只碗里，隔热水

盖盖静置，等待融化。

10）融化的黄油巧克力混合液搅拌均匀，再均匀地涂抹到蛋糕上。

11）蛋糕下垫烤纸，余下的核桃碎绕圈撒上，用手贴到蛋糕周边。（儿子生日蛋糕上的字，是我用筷子夹着核桃碎，一粒一粒地摆出来的。）

9.提拉米苏
Tiramisu

哥哥过完14岁生日后10天，就是妹妹过11岁生日。小姑娘点名要吃提拉米苏蛋糕，老妈有了10天前的浓情巧克力蛋糕壮胆，毫不犹豫地答应下来。话说10天前做那个蛋糕，内幕其实是——做任何其他巧克力蛋糕，家里的原材料都不全，只有这一种的原料家里都有！而做提拉米苏，则更是需要一些家里不常备的原料，我、阿姨、老公三人跑了几趟超市才买到合适的原料，尤其是浓奶油；好在甘露酒我们家是常备的。更壮胆的是我的两个烘焙高手朋友——念念妈和乔瓦娜——给我空降了全套的烘焙器材，包括做提拉米苏必备的手提电动搅打器。

据查，提拉米苏是一名意大利厨师于上世纪60年代末期发明的，真正流行起来，还是80年代之后。进入中国的时间就更短了，但是风靡度却很高。提拉米苏虽然是一款年轻的现代派蛋糕，却堪称意大利菜系里最著名的甜品。

我在网上和书里看到很多不同的提拉米苏方子，最后锁定这一款最经典的做法，一举成功。有兴趣尝试的读者，切记按照指令亦步亦趋，不可图省事而忽略任何步骤哦！我做的这第一只提拉米苏蛋糕，在闺女生日聚会上大出风头，博得一众大小朋友的一致好评。我当时因在外误碰了荤腥正闹胃病，也冒险吃了一块（事后胃痛n小时），的确非常美味，难怪这道甜品如此风靡呢！

菜品制作、摄影：

原料

● 6只鸡蛋黄

● 300毫升白砂糖

● 300毫升马斯卡朋奶酪（mascarpone cheese）

● 450毫升浓搅打奶油（heavy whipping cream）

● 24—30块手指饼干

● 60毫升甘露酒（Kahlua，或用浓咖啡+朗姆酒代替）

● 10毫升可可粉

● 30克巧克力，礤碎

做法

1）用一只大号蒸锅，烧开800毫升的水，转小火。（这是我为中国读者特设的，在西人那里，则用double boiler锅来做。）

2）锅内笼屉上放一只大碗，倒入鸡蛋黄和白砂糖，隔热水搅拌均匀，需不停地搅拌10分钟；这是在给蛋黄"消毒"，注意火不要大，以免蛋黄被烹调硬了，也不要缩减搅拌的时间，老老实实呆在灶台前！

3）关火，取出碗，等待冷却。蛋糖糊应呈淡黄色、类似浓稠的棒子面粥。如果不够浓稠，可以用电动搅打器打稠。

4）在蛋糖糊中加入马斯卡朋干酪，用电动搅打器搅打均匀。

5）在另一只容器里，用电动搅打器搅打浓奶油。为避免搅打器过热，每打不到3分钟都需停一下，一共需要十来分钟，把奶油打坚挺（stiff），出现花朵一样的纹路而且不会消失。

6）将打好的奶油分三次轻柔地翻拌（fold）入蛋糖糊——注意不要搅拌！

7）手指饼干劈成对半，铺在蛋糕模具底部和四周，刷上甘露酒。

8）盛入一半的奶油糊，再铺一层刷了甘露酒的手指饼干，上边盛入另一半的奶油糊。

9）撒上可可粉和巧克力碎。

10）置入冰箱冷藏8小时以上再吃。

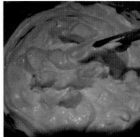

10.孜然籽苏打饼干
Cumin Seed Crackers

这是一款极其简单易做的饼干，可以原味吃，也可以涂抹各种酱或者蘸各种dip吃。

原料

- 500毫升（250克）面粉
- 60克黄油，冷藏温度
- 15毫升孜然籽，烤熟
- 5毫升无铝泡打粉
- 5毫升盐
- 150毫升水

做法

1）面粉、无铝泡打粉和盐混筛到一只大碗里，用手指将冷藏黄油揉进面粉里，至面粉像面包屑。

2）拌入孜然籽。逐渐倒入水，用木勺或塑胶勺搅拌均匀，再揉成面团。

3）用保鲜膜将面团包好，置入冰箱30分钟以上。

4）烤箱预热至200度。面团分4等份，每份擀成1毫米厚度、20厘米x30厘米的长方

形。沿长边切两半，再切成6等份，每团面可做出12块饼干，大小和超市里卖的太平苏打饼干一样。

5）烤盘上覆盖烘焙纸，视烤盘大小，每批码放16—24只，烤15分钟，略微焦黄时取出，在烤架上冷却。

11.芝士蛋糕
Cheese Cake

（本来源图库）

芝士蛋糕是西餐甜点中最为常见的甜品之一，最早的根源可追溯至古希腊，现代版本则起源于19世纪的美国。这款甜品也属于百变百搭类，不仅许多国家有各自的通行做法，甚至每个主妇都可能有自己的独家秘方。基本款就是用饼干粉和黄油做硬托底、中间加上用忌廉奶酪、鸡蛋、面粉、糖等成分制成的软内瓤，其中也可以添加其他成分，做成不同口味，比如香草味、柠檬味、南瓜味、樱桃味、杏仁味，等等。做法既有需要烘焙的版本，也有不需要烘焙的版本。基本款上可以添加自己喜爱的水果或者坚果，也可以覆盖上一层糖稀，亦可覆上巧克力。此处收录我的好友白丹丹提供的柠檬味芝士蛋糕做法，我在她家品尝过，很好吃！

柠檬味芝士蛋糕

原料

- 210克消化饼
- 30克黄油
- 500克忌廉奶酪
- 1罐炼乳
- 2只鸡蛋
- 1只黄柠檬

做法

一、托底

将消化饼打成粉状，放入烤盘；黄油融化后跟消化饼粉混合揉至稍有黏度，平铺满整个烤盘，稍用力按实，放进冰箱冷藏30分钟左右备用。

二、蛋糕

1）黄柠檬整个洗净，将外层黄色皮部分刮下来弄成糊状；柠檬肉挤汁。

2）将忌廉奶酪切小块放入搅拌机，加炼乳、鸡蛋、柠檬汁、柠檬皮搅拌至均匀。

3）搅拌好的奶酪糊倒入烤盘。

4）烤箱预热至170度，烤45分钟，至蛋糕表面成固体状，取出放至室温，置入冰箱冷藏4小时以上。

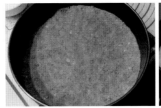
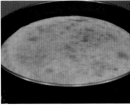

菜品制作、摄影：白丹丹

12.纯素香蕉蛋糕
Vegan Banana Cake

原料

- 3根熟透的香蕉
- 80克植物黄油
- 100克糖
- 500克面粉
- 30毫升无铝泡打粉
- 3克盐
- 2毫升小苏打
- 100克豆浆
- 3毫升香草精华

（vanilla extract）

做法

1）烤箱设为180摄氏度，预热20分钟。

2）把植物黄油放进一个大碗，任其自然融化。再加入糖，用叉子搅拌成粗糙的混合物。

3）把剥好的香蕉放进一个中等大小的碗，用勺子捣成稀糊。

4）把面粉、无铝泡打粉、小苏打和盐混合。

5）把3和2分多次交替加入1，边加边搅。（如果犯懒，也可以一股脑都放进去。）最后放入香草精华并和均。

6）充分搅匀。最后得到的混合物是不光滑的黏稠面糊。注意不要过分搅打，否则会影响蛋糕疏松的口感。

7）把蛋糕混合物放入抹过油的烤盘或模具中，放入烤箱，180摄氏度烤40—45分钟，或插入牙签拔出来不粘着蛋糕为好。

8）出炉，放凉后再切开。放冰箱冰一冰，口感更好！

装饰

可以在烘焙过半的蛋糕上点缀孩子喜欢的果酱、糖果、糖粒、蜜豆、坚果碎等。有点缀物的时候注意烤盘和模具不要离烤箱的加热管太近，以免把点缀物烤焦。

备注

把原料里的植物油置换成黄油、豆浆置换成牛奶，就是传统的香蕉蛋糕了！

13.纯素饼干
Vegan Cookies

原料

- 400克全麦面粉
- 125毫升砂糖
- 125毫升植物油
- 15毫升蜂蜜
- 4毫升小苏打
- 60毫升开水
- 10克提子干

做法

1）提子干用温水泡软，滤干备用。

2）烤箱预热170摄氏度。

3）盆里混合干的面粉。

4）开水溶解小苏打，加入蜂蜜和植物油。

5）4拌入3，放入泡软的提子干，搅拌均匀。

6）准备一块光滑的平板，把混合物放在板上用擀面杖擀成0.5毫米的面皮。

7）用饼干模具把面皮切成各种形状的饼干。我家用的是顺心玩poly dough面泥里面附送的小模具。

8）烤盘抹油，撒上干粉，把切好的小饼干放进盘里。放入预热好的烤箱烤15分钟。也可以烤10分钟之后取出翻面，再烤10分钟，

得到双面微黄的饼干。其实，这种饼干特别好烤，就是用不能设定温度的简易烤箱也能烤好。

备注

超市里的饼干种类之多，令人目不暇接，却很难找到一款完全不含食物添加剂和保鲜剂的。对于有食物过敏症的孩子，选择适合他们的营养小食品更是难上加难。这是一款简单而温暖的食物，可以和孩子一起制作。看着他们带着神圣的表情专注地用模具把面皮切成树叶、花朵和贝壳的形状，妈妈的心里充满感动。读者们可以根据自己的爱好丰富这个食谱。放入15克椰粉得到椰子味的饼干，在水里滴入1/4茶匙的香草精油得到香草味的饼干。还可以放些花生碎和芝麻。有时创造就发生在一念之间！

14.自制果酱
Fruit Jam

每次跟随老公回新西兰探亲，都能吃到婆婆亲手制作的各类果酱，老公也常说，老辈人什么都是自己做，不习惯用现成的。印象中，自制果酱属于老辈传统，而且想象中，一定比较麻烦。

直到2013年的秋季，我们又像往常那样，进山赏秋景、拾秋果。说"拾"，是因为树上结的我们不摘，那是人家村民的财产，我们则征求他们同意之后，把地上散落的果实捡走。这次有幸捡到了很多山里红，先泡了几瓶二锅头，送给朋友喝，自己留着喝，也没有用去多少，我想了想，决定试着自己制作山楂酱。

这一批山里红，一共制成6瓶果酱，4瓶送给朋友们，自己留了两瓶吃。女儿喜欢吃酸的，用勺子挖出来直接吃。阿姨也说比超市买回来的更可口，没那么甜。女儿坚持要送一瓶给她的老师，一位英国小伙子。他非常喜欢，告诉我，从小到大，他奶奶每年都做果酱送给他吃，这瓶果酱让他感受到家乡的味道。

尝试之后才知道，果酱非常容易做！而且，还熬制出来更多的感叹，发表在微博上：过去人们的生活比现在有趣得多，慢慢熬制一锅果酱，远比从超市买现成的带来更多满足感。而现在人们的生活很乏味无聊，整天在手机上玩一指禅，我在理发店见到有人仰躺洗头那两分钟，还不能停止刷微信。

原料

● 500克山里红

● 300克冰糖（或麦芽糖+砂糖）

● 500毫升水

● 30毫升鲜榨柠檬汁

做法

1）制作果酱的器皿（锅、勺、瓶等）需要洗净，最好开水煮过，或至少开水消毒、去味，一定不要有油和其他味道。

2）山里红洗净，去核去蒂，挖去残破处，掰成小块。

3）山里红、冰糖、水放入不锈钢锅里煮开，转小火慢慢熬制。

4）后期需要不停搅拌，以免糊锅；可用电动搅拌棒略事搅拌，让果肉更碎。

5）关火后趁热装瓶，装好拧紧瓶盖，倒立放置10分钟。

6）冷却后置入冰箱冷藏，开启后尽快吃完。

15.水果沙拉
Fruit Salad

相比前边那些动辄黄油、白糖、鸡蛋、巧克力（可可脂）的糕点来说，水果沙拉恐怕是最健康的甜品啦！我是说，如果仅仅吃一盘子混搭水果块，或者最多是泡在水果本身汁液里的，而不是像很多食谱那样，还浇上糖浆、蛋黄酱或酸奶汁。

水果沙拉有很多做法，没有统一的菜谱，读者需综合自己所在地的特产、当时的季节、自己偏好的口味，以及个人的审美观，搭配出色泽鲜艳、令人食欲大振的水果沙拉来。

（此图来源图库）

第九章 香料
Herbs and Spices

1.迷迭香 Rosemary

迷迭香是西餐调料里最常见最重要的一种，同时它还拥有悠长的药用历史。迷迭香具备醒脑功能，可以增强记忆力，还可以避邪。希腊神话里，智慧女神阿西娜和记忆女神娜莫新及其九个女儿，都和迷迭香有关。迷迭香英文名称来源的传说之一，是圣母玛利亚在怀抱小耶稣向埃及逃难路程上，将披风搭在一丛灌木上，第二天，发现小白花变成了小蓝花，于是这种植物被称为"玛利亚的玫瑰"（Rose of Mary）。

西方自然疗法里，迷迭香用以辅助癌症病人预防复发。对先天神经发育不良影响肢体肌肉功能的儿童，比如脑瘫或脑积水导致的肌肉萎缩，用橄榄油浸泡晒干的迷迭香，每天用来按摩四肢，可以促进肢体的发育和康复。

迷迭香用来烤肉、烤土豆、做意大利通心粉酱的调料、放在甜点里，皆可。它香气浓郁，跟薄荷是亲戚。

2.百里香 Thyme

早在古埃及时代，百里香就被用于对遗体进行防腐处理，因为它具有防腐功能。古希腊人也十分偏爱百里香，如果告诉某人他闻起来有百里香味道，那是很高的恭维。百里香也拥有长久的药用历史，它可以治疗多种上呼吸道感染疾病，包括感冒、流感、咳嗽、哮喘、气管炎，等等，还可以治疗多种肠胃不适症，比如胀气、腹泻、食欲不振、婴儿肠绞痛，等等。

百里香是全球各地饮食的重头调料，欧洲菜系比如意大利、法国、西班牙、葡萄牙，亚洲菜系比如阿拉伯、土耳其、印度，甚至远至加勒比海各国的烹调中，都少不了百里香的身影。而且百里香属于百搭香料，肉、蛋、菜皆可用，"举棋不定时就用百里香"（When in doubt, use thyme）是烹调业内的名言。

我家花园里种了新鲜百里香，孩子们患感冒，我会用它来煮水，再根据症状，加入蜂蜜（止咳）、大料（止剧咳）、柠檬汁（退烧）、鼠尾草（咽痛）等，可以远离西药。

3.鼠尾草 Sage

鼠尾草属系庞大，包含900多种植物，这里所说的，是学名Salvia Officinalis的那种。自古以来，鼠尾草用途多端，不仅仅在厨房里大显身手，也是制造化妆品和香水香皂的常见成分之一，医疗用途则更是花样繁多。其拉丁名称原意就是"治愈"，古人简直当它包治百病，以致流传的一句寓言就是——"花园里有鼠尾草的人怎么会死掉呢？"鼠尾草用来止血、疗伤、抗菌、止咳、止泻、退烧，它在治疗喉痛、失眠、肝炎以及各种疱疹（包括口疮）方面都效果显著，由于它可以增强记忆力，降低焦虑感，抑制乙酰胆碱酯酶，现代医学也用它来治疗老年痴呆症（Alzheimer's）。

鼠尾草气味清冽，可以用来烹调肉类，也可以放在汤里，意大利烹调里更是离不开鼠尾草。

4.牛至 Oregano

牛至有个流传甚广的昵称，叫"比萨草"，就是说它是pizza里必不可少的调料，一般人闻到它就会跟pizza联想起来。任何番茄类通心粉酱，撒上一把牛至后，都会添色不少。牛至叶子晒干后，香气比鲜牛至更浓，所以烹调时用干牛至的效果更好。

牛至也有药效，是良好的抗菌、镇痉、祛风、抗氧化剂，常被用于治疗感冒、流感、低烧、消化不良等症。

5.罗勒 Basil

在所有的香料中，罗勒是我的最爱。中文对罗勒的称呼还包括九层塔、紫苏（其实真正的紫苏是另外一种植物，即紫色的苏子叶，此处不表）等。罗勒分很多种，意大利烹调最常见的罗勒，属于甜罗勒，不同常见于亚洲菜系里的泰国罗勒和柠檬罗勒。

使用罗勒的最佳状态是新鲜叶子，干罗勒的香气则大打折扣。新鲜罗勒要么生吃，要么在烹调的最后时刻放进去，以保持香气。

科学家正在研究罗勒的药性，发现它具有抗氧化、抗病毒等功用，也可用于治疗血小板类病症。民间则用它来防蚊子。

6.法香 Parsley

法香的学名是欧芹，法香是中国人给它起的昵称之一，也是最流行的称呼。大部分人认识法香，是在西餐馆里，它被当作盘子里的点缀，而绝不是菜肴的主角，甚至连重要配角都谈不上。其实它不仅香郁可口，而且营养丰富，富含蛋白质、钙、铁、磷、钾、B族维生素、维生素A以及比同样体积橙子还丰富的维生素C。古希腊神话里，法香已经有了传说。中世纪的欧洲，法香被广泛应用于治疗肝脏、肾脏和膀胱方面的病症。

法香的清香味道，可以遮盖不良气味，所以咀嚼新鲜法香可以令口气清新。法香也是百搭类香料，就像中餐里的香菜（所谓法香者，即法国香菜也）一样，汤里菜里撒上一把，非常提味。

7.莳萝 Dill

莳萝是莳萝属（Anethum graveolens）中唯一的植物，它的针形叶子长得有些类似茴香。我们生活中莳萝最常见的用途有两种：一种是用以烹调鱼类，另一种是用以腌制小黄瓜（pickled gherkins）。新鲜莳萝的味道很重，并且有传染性，需要与其他食物分开隔离储存，否则它会把自己的气味传染给所有接触它的食品。

8.咖喱粉 Curry Powder

大部分朋友在烹调带咖喱的菜时，一般会使用市面上出售的咖喱粉或膏。我从来不用这样的产品，因为它不仅成分不够全面，而且还添加了正宗咖喱原本不应该含有的东西，比如黄油、蜂蜜和淀粉。实际上，如果你仔细阅读这些咖喱产品的成分说明，会发现，它们大多数的成分，跟咖喱没有关系。大部分此类产品并不列出咖喱本身的成分，而是将咖喱（粉）作为成分之一，给人感觉倒好像咖喱是一个像胡椒那样的基本原料，是从地里长出来的一种作物。

实际上，咖喱就好比酱汁，是一个变化多端的合成品的统称。咖喱并非有一成不变的配方，而是根据菜的做法来调配。很多印度菜不需要现成配好的咖喱粉，而是烹调时将下列这些原料选出一些来搭配。所以，即便做好了咖喱粉，还是需要所有的原料都放在手边备用。

这里给大家介绍一下我收集好原料后，在家自己调配的咖喱粉。来过我家的巴基斯坦妈妈闻了我的自制咖喱粉之后，惊叹气味十分地道。

原料

- 50毫升香菜籽
- 60毫升孜然籽
- 30毫升小茴香籽
- 30毫升葫芦巴籽
- 2只干红辣椒（可酌情增减）
- 5片咖喱树叶
- 15毫升辣椒粉
- 15毫升姜黄粉
- 3克盐

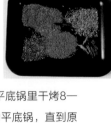

做法

1）将前6种原料在平底锅里干烤8—10分钟，边烤边晃动平底锅，直到原料颜色变深，香气四散。关火冷却。

2）将烤好的原料放在食品搅拌机里，搅成粉末。

3）加入辣椒粉、姜黄粉和盐，搅拌均匀。

4）倒入一只带盖瓶子里，拧紧盖子储存。可做出大约120克咖喱粉。

参考资料
References

330 Vegetarian Recipes for Health. Editor: Nicola Graimes. Hermes House Publishing. UK. 2009

400 Soups. Editor: Anne Sheasby. Hermes House Publishing. UK. 2008

Alison Holst's Dollars and Sense Cookbook. C.J. Publishing. New Zealand. 1998

Annabel Langbein: A Free Range Life. Annabel Langbein. Annabel Langbein Media Ltd. New Zealand. 2013

Baking. Martha Day. Anness Publishing Ltd. UK. 2009

Best Ever Indian. Mridula Baljekar et al. Hermes House Publishing. UK. 2009

Desk Reference to Nature's Medicine. Steven Foster and Rebecca L. Johnson. National Geographic Society. USA. 2008

The Farmhouse Cookbook. Liz Trigg. Hermes House Publishing. UK. 2007

Great Tastes Italian. Sandcastle Books. UK. 2009

Healing the Gerson Way. Charlotte Gerson. Totality Books. USA. 2007

The Joy of Cooking. Irma Rombauer, Marion Bombauer Becker and Ethan Becker. Signet. USA. 2006

The Market Fresh Cookbook. Reader's Digest Association. USA. 2006

Meals Without Meat. Allison Holst and Simon Holst. New Holland Publishers. New Zealand. 1999

Miss Masala. Mallika Basu. Collins of HarperCollins Publisher. USA. 2010

Monday to Friday Pasta. Michele Urvater. Workman Publishing. USA. 1995

Pasta Cookbook. Bay Books. Australia. 2003

The Salad Book. Editor: Steven Wheeler. Hermes House Publishing. UK. 2009

Vegetarian Cooking, a Common Sense Guide. Murdoch Books. Austrailia. 2008

Whole Foods for the Whole Family. Editor: Roberta Biship Johnson. La Leche League International. USA. 1993